高等职业教育建设工程管理类"新形态一体化"系列教材

市政工程计量与计价

主　编　刘　璨　周莉莉
副主编　刘欲意　贾　亮
参　编　姚　静　欧阳洋
　　　　彭文君　姜安民
　　　　吴　洋　陈蓉芳
主　审　孙湘晖

机械工业出版社

本教材共设置 5 个项目：市政工程计量与计价基本知识、市政土石方工程计量与计价、市政道路工程计量与计价、市政管网工程计量与计价、市政桥涵工程计量与计价。

本书可作为高等职业院校工程造价专业及市政工程技术专业的教学用书，也可作为社会从业人员的业务参考用书及培训用书。

本书配有电子课件，使用本书作为教材的教师可登录机械工业出版社教育服务网 www.cmpedu.com 下载。咨询邮箱：cmpgaozhi@sina.com。咨询电话：010-88379375。

图书在版编目（CIP）数据

市政工程计量与计价/刘璨，周莉莉主编. —北京：机械工业出版社，2023.7 (2024.8 重印)
高等职业教育建设工程管理类"新形态一体化"系列教材
ISBN 978-7-111-73280-8

Ⅰ.①市… Ⅱ.①刘… ②周… Ⅲ.①市政工程-工程造价-高等职业教育-教材 Ⅳ.①TU723.3

中国国家版本馆 CIP 数据核字（2023）第 098812 号

机械工业出版社（北京市百万庄大街 22 号　邮政编码 100037）
策划编辑：王靖辉　　　　　　责任编辑：王靖辉　沈百琦
责任校对：肖　琳　张　薇　　封面设计：王　旭
责任印制：张　博
北京建宏印刷有限公司印刷
2024 年 8 月第 1 版第 3 次印刷
184mm×260mm・14.75 印张・363 千字
标准书号：ISBN 978-7-111-73280-8
定价：46.00 元

电话服务　　　　　　　　　　网络服务
客服电话：010-88361066　　　机　工　官　网：www.cmpbook.com
　　　　　010-88379833　　　机　工　官　博：weibo.com/cmp1952
　　　　　010-68326294　　　金　书　网：www.golden-book.com
封底无防伪标均为盗版　　　　机工教育服务网：www.cmpedu.com

前言

"市政工程计量计价"是工程造价专业（市政方向）及市政工程技术专业中实践性较强的专业课，教学的目的是培养学生编制工程量清单计价文件的能力。本书以市政工程造价员的岗位标准和市政工程技术专业岗位标准为依据，对接国家高等职业教育工程造价专业教学标准和湖南省高等职业院校工程造价专业学生技能考核标准，将造价员岗位的典型工作任务合理地嵌入书中。

本书积极贯彻落实《国家职业教育改革实施方案》《"十四五"职业教育规划教材建设实施方案》《职业院校教材管理办法》等文件要求，联合企业和建设工程造价管理机构合作开发新型活页式教材，并配套了丰富的信息化资源。

本书根据国家和湖南省现行规范编写，包括《建设工程工程量清单计价规范》（GB 50500—2013）、《市政工程工程量计算规范》（GB 50857—2013）、《湖南省建设工程计价办法》（2020年）及附录和《湖南省市政工程消耗量标准（基价表）》（2020年）等。

本书共设置5个项目，每个项目由若干个典型工作任务组成，每个任务都结合实际案例详细分析了规范的内容和应用要点，同时每个任务都提供了相应的数字化资源，旨在提高学生在计量与计价方面的实践操作能力，突出教材实用性的特点。

本书由湖南城建职业技术学院刘璨和周莉莉任主编，由湖南城建职业技术学院孙湘晖任主审。具体编写分工如下：项目1由湖南城建职业技术学院姚静、彭文君、欧阳洋、姜安民编写；项目2由湖南城建职业技术学院刘璨、陈蓉芳编写；项目3由湖南城建职业技术学院周莉莉编写；项目4由湖南城建职业技术学院贾亮、吴洋编写；项目5由湖南城建职业技术学院刘欲意、刘璨编写。

因本书编写时间有限，编者的经验和水平有限，书中难免存在疏漏与不足之处，敬请广大读者提出宝贵意见，以便进一步修改完善。

编　者

本书微课视频清单

序号	名称	图形	序号	名称	图形
1	消耗量标准应用案例		7	道路工程消耗量标准工程量的计算	
2	土石方工程清单工程量的计算		8	工程量清单编制——管网篇	
3	土石方的分类		9	管网工程消耗量标准工程量计算规则	
4	土石方工程量的计算（方格网法）		10	管网工程消耗量标准工程量计算实例	
5	土石方工程量的计算（沟槽）		11	工程量清单编制——桥梁篇1	
6	道路工程清单工程量的计算		12	工程量清单编制——桥梁篇2	

目录

前言

本书微课视频清单

项目 1 　市政工程计量与计价基本知识　1

任务 1　工程造价基本知识　1

任务 2　地方建设工程计价办法　7

任务 3　市政工程量清单计价文件的编制　19

任务 4　市政工程消耗量标准的应用　47

项目 2 　市政土石方工程计量与计价　57

任务 1　土石方工程清单工程量的计算　57

任务 2　土石方工程消耗量标准工程量的计算　62

任务 3　土石方工程清单综合单价的计算　67

任务 4　土石方工程清单计价文件的编制实例　72

项目 3 　市政道路工程计量与计价　85

任务 1　道路工程清单工程量的计算　85

任务 2　道路工程消耗量标准工程量的计算　100

任务 3　道路工程清单综合单价的计算　103

任务 4　道路工程清单计价文件的编制实例　107

项目 4 　市政管网工程计量与计价　129

任务 1　管网工程清单工程量的计算　129

任务 2　管网工程消耗量标准工程量的计算　140

任务 3　管网工程清单综合单价的计算　147

任务 4　管网工程清单计价文件的编制实例 ………………………………………… 152

项目 5　市政桥涵工程计量与计价 ……………………………………………… 159

任务 1　桥涵工程清单工程量的计算 ……………………………………………… 159
任务 2　桥涵工程消耗量标准工程量的计算 ……………………………………… 172
任务 3　桥涵工程清单综合单价的计算 …………………………………………… 180
任务 4　桥涵工程清单计价文件的编制实例 ……………………………………… 183

附录 ………………………………………………………………………………… 220

附录 A　钢筋工程 …………………………………………………………………… 220
附录 B　拆除工程 …………………………………………………………………… 221
附录 C　措施项目 …………………………………………………………………… 222

参考文献 …………………………………………………………………………… 229

项目 1　市政工程计量与计价基本知识

知识要点

1. 工程造价的概念与含义。
2. 建筑安装工程费用的组成及各项费用的概念。
3. 市政工程造价计算程序及取费方法。

学习目标

1. 掌握市政工程造价基本知识。
2. 掌握建筑安装工程费用的构成及各项费用的概念。
3. 掌握市政工程造价计算程序。

素养目标

1. 树立坚持标准、行为规范的工程计量计价理念。
2. 塑造实事求是、公平公正、廉洁自律的职业道德。

任务 1　工程造价基本知识

1.1.1　基本建设概述

（一）基本建设的概念

1. 基本建设

基本建设是指投资建造固定资产和形成物资基础的经济活动，凡是固定资产扩大再生产的新建、改建、扩建、恢复工程及设备购置活动均称为基本建设。

基本建设实质上是形成新的固定资产的经济活动，是实现社会扩大再生产的重要手段。

2. 基本建设的分类

（1）按建设性质分为新建、扩建、改建、迁建、恢复建设等。
（2）按建设规模分为大型、中型、小型等。
（3）按建设阶段分为筹建、施工、竣工、建成投产等。
（4）按资金来源和投资渠道分为国家投资、银行贷款、引资、长期资本市场筹资等。

(5) 按隶属关系分为国家项目、地方项目、单位自建项目。

3. 基本建设的内容

(1) 建筑工程：建筑物、构筑物、给水排水、电气照明、暖通、园林和绿化等工程。

(2) 设备安装工程：机械设备安装和电气设备安装工程。

(3) 设备、工器具购置（即生产用设备、工具、器具的购置）。

(4) 其他基本建设工作（分三类）：与土地有关，如建设期发生的与土地使用权取得有关的工作；与项目建设有关的其他工作，如可行性研究、勘察设计；与未来企业生产经营有关的其他工作，如生产准备等工作。

（二）基本建设程序

1. 基本建设程序的概念

基本建设程序是指建设项目从策划、评估决策、设计、施工到竣工验收、投入生产或交付使用的整个建设过程中各项工作必须遵循的先后次序。按照建设项目发展的内在联系发展过程，将建设项目分成若干阶段，他们之间存在着严格的先后次序，可以进行合理的交叉，但不能任意颠倒次序。

基本建设应遵循先勘察后设计、先设计后施工、先验收后使用的程序，但基本建设程序的内容不是一成不变的，需要不断充实和完善。

2. 基本建设程序与工程造价的关系

建设项目不同阶段工程造价的计价示意见表 1-1。

表 1-1 建设项目不同阶段工程造价的计价示意

项目建议书和可行性研究阶段	初步设计阶段	技术设计阶段	施工图设计阶段	招标投标阶段	合同实施阶段	竣工验收阶段	交付使用
投资估算	设计概算	修正设计概算	施工图预算	承包合同价	工程结算	竣工结算	竣工决算

由表 1-1 看出，工程造价文件基本贯穿基本建设程序中，是各阶段的重要组成部分。在项目建议书阶段和可行性研究阶段编制投资估算；在初步设计阶段和技术设计阶段，分别编制设计概算和修正设计概算；在施工图设计完成后，在施工前编制施工图预算；在项目招标投标阶段确定招标控制价和投标报价，从而确定承包合同价；在项目实施阶段，分阶段或不同目标进行工程结算，即项目结算价；在竣工验收阶段，编制项目的竣工结算；待项目交付使用形成固定资产后，建设单位应及时编制竣工决算。

（三）基本建设项目

1. 基本建设项目的概念

基本建设项目通常简称建设项目，是指按一个总体设计进行施工，经济上实行独立核算，由独立法人的组织机构负责建设或运营，可以形成生产能力或使用价值的一个或几个单项工程的总体，如一个小区、一所学校等。建设项目的工程造价一般由编制设计总概算或设计概算或修正设计概算来确定。

2. 建设项目的层次划分

按照建设管理和合理确定工程造价的需要，建设项目的层次划分为单项工程、单位工程、分部工程、分项工程。

（1）单项工程（工程项目）：指能独立设计、施工，建成后能独立发挥生产能力或工程效益的工程项目。如××道路、××桥梁等。其造价由编制单项工程综合概预算确定。

（2）单位工程：指可以独立设计、施工，但不能独立形成生产能力与发挥效益的工程。它是单项工程的组成部分。如××道路中的道路工程、管网工程、桥梁工程等。单位工程造价一般由编制施工图预算（或单位工程设计概算）确定。

（3）分部工程：它是单位工程的组成部分，按照构筑物的结构部位或主要的工程划分的工程分部。如桥梁工程的土石方工程、基础工程、主体工程、钢筋混凝土工程等。

（4）分项工程（定额子目）：它是分部工程的组成部分。一般按照施工过程、施工工序、施工方法、材料规格、结构特征、构件名称、作用、用途等划分。如桥梁主体工程的承台、台帽、梁等。

1.1.2 建设项目总投资概述

（一）建设项目总投资构成

建设项目总投资含固定资产投资和流动资产投资两部分，指项目建设期用于项目的建设投资、建设期贷款利息和流动资金的总和。建设项目总投资中的固定资产投资与建设项目工程造价在量上相等。

建设项目总投资费用构成如图 1-1 所示。

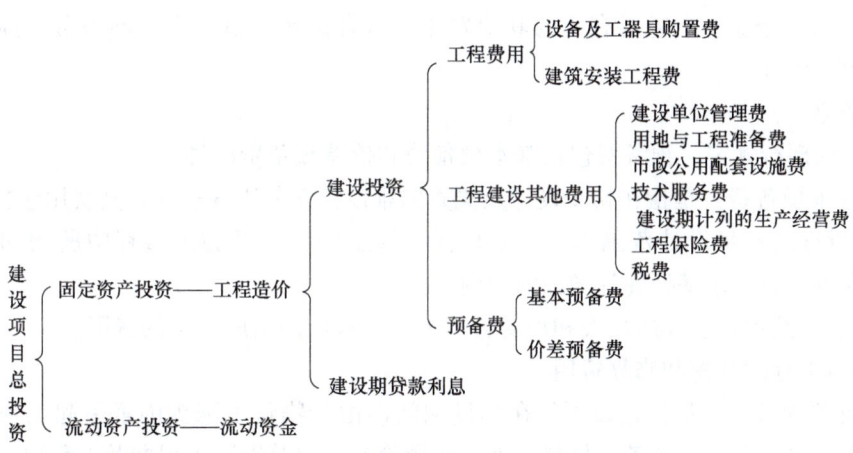

图 1-1　建设项目总投资费用构成

固定资产投资（即工程造价）由设备及工器具购置费、建筑安装工程费、工程建设其他费用、预备费（基本预备费和价差预备费）及建设期贷款利息组成。

（二）固定资产投资构成

1. 设备及工器具购置费

设备及工器具购置费由设备购置费和工器具、生产家具购置费组成。它是固定资产投资中的组成部分。在生产性工程建设中,设备及工器具购置费在工程造价占比会影响资本的有机构成。设备及工器具购置费占工程造价比重的增大,意味着生产技术的进步和资本有机构成的提高。

2. 工程建设其他费用

工程建设其他费用是指从工程筹建起到工程竣工验收交付使用的整个建设期间,除建筑安装工程费用和设备及工器具购置费以外的,为保证工程建设顺利完成和交付使用后能够正常发挥有效作用而发生的各项费用。

工程建设其他费用,按其内容大体可分为三类:第一类指与土地有关的费用,第二类指与工程建设有关的其他费用,第三类指与未来企业生产经营有关的其他费用。

(1) 与土地有关的费用:与土地有关的费用有两种形式,即土地征拆过程中支付的土地征用及迁移补偿费用和取得土地使用权支出的费用。

1) 土地征用及迁移补偿费用是指建设项目通过划拨方式取得无限期的土地使用权,依照《中华人民共和国土地管理法》等规定所支付的费用。

2) 取得土地使用权支出的费用是指建设项目通过土地使用权出让方式,取得有限期的土地使用权,依照《中华人民共和国城镇国有土地使用权出让和转让暂行条例》规定,支付的土地使用权出让金,分为出让取得和转让取得。

(2) 与工程建设有关的其他费用:根据项目的不同,与工程建设有关的其他费用的构成也不尽相同,一般包括建设单位管理费、勘察设计费、研究试验费、建设单位临时设施费、工程监理费、引进技术和进口设备其他费用、工程承包费。在进行工程估算及概算中可根据实际情况进行计算。

(3) 与未来企业生产经营有关的其他费用:联合试运转费、生产准备费、办公和生活家具购置费三部分。

3. 预备费

按照我国现行规定,预备费包括基本预备费和价差预备费两种。

(1) 基本预备费:是指在初步设计及概算内难以预料的工程费用,其费用包括:

1) 在批准的初步设计范围内,技术设计、施工图设计及施工过程中所增加的工程费用;设计变更、局部地基处理等增加的费用。

2) 一般自然灾害造成的损失和预防自然灾害所采取的措施发生的费用。

3) 隐蔽工程的开挖和修复费用。

(2) 价差预备费:是指建设项目在建设期间内由于物价上涨等因素引起工程造价变化的预留费用,包括人工、设备、材料、施工机械价差,建筑安装工程费及工程建设其他费用调整,利率、汇率调整等。

4. 建设期贷款利息

建设期贷款利息包括支付金融机构的贷款利息和为筹集资金而发生的融资费用。

1.1.3 工程造价概述

(一) 工程造价的含义

工程造价是指建设项目经过分析决策、设计施工到竣工验收、交付使用的各个阶段,完成建筑工程、安装工程、设备工器具购置及其他相应的建造工作，最后形成固定资产，在这其中投入的所有费用的总和。从这个角度定义的工程造价也是业主完成一个项目工程，预计或实际在技术劳务市场、土地市场、设备市场以及承包市场等交易活动中交易价格的总和。因此，从这个意义上说，它是建设项目的建设成本，是对项目的资金投入，因而也叫建设成本造价或者工程费用造价。

另一种理解是指建设工程的承发包价格，它是通过承发包市场，由需求主体投资者和供给主体建筑商共同认可的价格。工程发包的内容可以是建筑工程，或安装工程，或建筑安装工程等。发包的范围、内容不同，承发包价格包括的费用项目多少也不同，但在大多数情况下是指施工的承发包价格。

（二）工程造价的特点

1. 工程造价的大额性

能够发挥投资效应的任一项工程，不仅实物形体庞大，而且造价高昂。工程造价的大额性使其关系到有关各方面的重大经济利益，同时也会对宏观经济产生重大影响。这就决定了工程造价的特殊地位，也说明了造价管理的重要意义。

2. 工程造价的个别性、差异性

任何一项工程都有特定的用途、功能、规模。因此，对每一项工程的结构、造型、空间分割、设备配置和内外装饰都有具体的要求，因而使工程内容和实物形态都具有个别性、差异性。产品的差异性决定了工程造价的个别性差异。同时，每项工程所处地区、地段都不相同，使这一特点得到强化。

3. 工程造价的动态性

任何一项工程从决策到竣工交付使用，都有一个较长的建设期间，而且由于不可控因素的影响，在预计工期内，许多影响工程造价的动态因素，如工程变更、设备材料价格、工资标准以及费率、利率、汇率会发生变化。这种变化必然会影响到造价的变动。所以工程造价在整个建设期中处于不确定状态，直至竣工决算后才能最终确定工程的实际价格。

4. 工程造价的层次性

造价的层次性取决于工程的层次性。一个建设项目往往含有多个能够独立发挥设计效能的单项工程（如道路、桥梁等）。一个单项工程又是由能够各自发挥专业效能的多个单位工程（如道路工程、管网工程等）组成。与此相适用，工程造价有三个层次：建设项目总造价、单项工程造价和单位工程造价。如果专业分工更细，单位工程（如道路工程）的组成部分——分部分项工程也可以成为交换对象，如大型土方工程、路基、路面等，这样工程造价的层次就增加分部工程和分项工程而成为 5 个层次。即使从造价的计算和工程管理的角度看，工程造价的层次性也是非常突出的。

5. 工程造价的兼容性

工程造价的兼容性首先表现在它具有两种含义，其次表现在工程造价构成因素的广泛性和复杂性。在工程造价中，首先，成本因素非常复杂；其次，为获得建设工程用地支出的费用、项目可行性研究和规划设计费用、与政府一定时期政策（特别是产业政策和税收政策）相关的费用占有相当的份额；再次，盈利的构成也较为复杂，资金成本较大。

（三）工程造价的种类

工程造价包括建设项目投资估算、设计概算、施工图预算、合同价格、工程结算价格、竣工决算价格等。

1. 投资估算

在项目建议书和可行性研究阶段，对拟建工程所需投资预先测算和确定，估算出的价格称为投资估算，也称为估算造价。投资估算是决策、筹资和控制造价的主要依据。

2. 设计概算

在初步设计阶段，根据初步设计图纸，通过编制工程概算文件对拟建工程所需投资预先测算和确定，计算出来的价格称为设计概算，也称为概算造价。概算造价较估算造价更准确，受到估算造价的控制，是项目投资的最高限额。

3. 施工图预算

在施工图设计阶段，根据施工图，通过编制预算文件对拟建工程所需投资预先测算和确定，计算出来的价格称为施工图预算（设计预算），也称为预算造价。预算造价较概算造价更为详尽和准确，它是编制招投标价格和进行工程结算等的重要依据，同样要受概算造价的控制。

4. 合同价格

在工程招投标阶段，根据工程预算价格，由招标方与竞争取胜的投标方签订工程承包合同时共同协商确定的工程承发包价格称为合同价格。合同价格是工程结算的依据。

5. 工程结算价格

以合同价格为基础，根据设计变更与工程索赔等情况，通过编制工程结算书对已完施工价格进行确定的价格称为工程结算价格。工程结算价格是该结算工程部分的实际价格，是支付工程款项的凭据，分为中间结算和竣工结算。

6. 竣工决算价格

在整个建设工程全部完工并经过验收以后，通过编制竣工决算书计算整个项目从立项到交付使用全过程中实际支付的全部建设费用、核定新增资产和考核投资效果，计算出的价格称为竣工决算价格。竣工决算价格是整个建设工程的最终实际价格。

从以上内容可以看出，建设工程的计价过程是一个由粗到细、由浅入深，最终确定整个工程实际造价的过程，各计价过程之间是相互联系、相互补充、相互制约的关系，前者制约后者，后者补充前者。

（四）工程造价的计价特点

建设工程造价具有单件性计价、多次性计价、分部组合计价、动态性计价和计价方法多样性等特点。

1. 单件性计价

建设工程是按照特定使用者的专门用途，在指定地点逐个建造的。每项建设工程为适应不同使用要求，其面积与体积、造型与结构、装修与设备的标准及数量都会有所不同，而且特定地点的气候、地质、水文、地形等自然条件及当地政治、经济、风俗习惯等因素必然使建筑产品实物形态千差万别。再加上不同地区构成投资费用的各种生产要素（如人工、材料、机械）的价格差异，最终导致建设工程造价的千差万别。所以，建设工程和建筑产品不可能像工业产品那样统一地成批定价，而只能根据它们各自所需的材料消耗量、人工消耗量及机械消耗量逐项计价,即单件计价。

2. 多次性计价

建设工程造价是一个随着工程不断展开而逐渐深化、逐渐细化和逐渐接近实际造价的动态过程,不是固定的、唯一的和静止的。工程建设的目的是为了节约投资、获取最大的经济效益,这就要求在整个工程建设的各个阶段依据一定的计价顺序、计价资料和计价方法分别计算各个阶段的工程造价,并对其进行监督和控制,以防工程费用超支。

3. 分部组合计价

一个建设项目是一个工程综合体,这个综合体可以分解为许多有内在联系的独立的和不能独立的工程。建设项目的这种组合性决定了计价的过程是一个逐步组合的过程。建设项目的计价过程和顺序是:分项、分部工程造价→单位工程造价→单项工程造价→建设项目总造价。若编制建设项目的总概预算,需先编制各单位工程的概预算,再编制各单项工程的总和概预算,最终汇总得到建设项目的总概预算。

4. 动态性计价

任何一项工程从决策阶段开始,到竣工交付使用,都要经历一个较长的建设时间,在此期间,由于工程造价受价值规律、货币流通规律和商品供求规律的支配,工程造价将受许多不确定因素的影响,如工程变更、设备材料价格、投资额度、工资标准及费率、利率、汇率、建设期等。综上所述,工程计价在工程建设全过程中具有动态性。从而,建设工程造价应根据不同建设阶段的不同条件分别计价。

5. 计价方法多样性

为了适应工程计价的多次性和动态性等特点,以及对工程造价的精度和计价依据要求不同,工程计价方法有多样性的特征。不同的方法利弊不同,适用条件也不同,所以工程计价时应认真加以选择。我国工程造价计价方法主要有定额计价和工程量清单计价两种模式。

任务 2　地方建设工程计价办法

1.2.1　建筑安装工程费的组成及计算

《湖南省建设工程计价办法》(2020 年)(湘建价〔2020〕56 号)规定了建筑安装工程费的构成、各种费率、工程造价计算程序及取费方法。建筑安装工程费的组成可以按照费用构成要素划分也可以根据工程造价形成划分。

(一)按照费用构成要素划分

建筑安装工程费按照费用构成要素划分,由人工费、材料费、施工机具使用费、企业管理费、利润和增值税组成。

1. 人工费

人工费是指按工资总额构成规定,支付给从事建筑安装工程施工的生产工人和附属生产单位工人的各项费用,内容包括:

(1)计时工资或计件工资:指按计时工资标准和工作时间或对已做工作按计件单价支付给个人的劳动报酬。

(2) 奖金：指对超额劳动和增收节支支付给个人的劳动报酬，如节约奖、劳动竞赛奖等。

(3) 津贴补贴：指为了补偿职工特殊或额外的劳动消耗和因其他特殊原因支付给个人的津贴，以及为了保证职工工资水平不受物价影响支付给个人的物价补贴，如流动施工津贴、特殊地区施工津贴、高温（寒）作业临时津贴、高空津贴等。

(4) 加班加点工资：指按规定支付的在法定节假日工作的加班工资和在法定日工作时间外延时工作的加点工资。

(5) 特殊情况下支付的工资：指根据国家法律、法规和政策规定，因病、工伤、产假、计划生育假、婚丧假、事假、探亲假、定期休假、停工学习、执行国家或社会义务等原因按计时工资标准或计时工资标准的一定比例支付的工资。

(6) 五险一金：指按规定支付的养老保险、失业保险、医疗保险、生育保险、工伤保险费和住房公积金。

2. 材料费

材料费是指施工过程中耗费的原材料、辅助材料、构配件、零件、半成品或成品、工程设备的费用，内容包括：

(1) 材料原价：指材料的出厂价格或商家供应价格（或者由厂商负责运到工地指定地点的供应价格）。

(2) 运杂费：指材料自来源地运至工地仓库或指定堆放地点所发生的全部费用。

(3) 运输损耗费：指材料在运输装卸过程中不可避免的损耗。

(4) 采购及保管费：指为组织采购、供应和保管材料的过程中所需要的各项费用，包括采购费、仓储费、工地保管费、仓储损耗。

3. 施工机具使用费（简称机械费）

施工机具使用费是指施工作业所发生的施工机械使用费、仪器仪表使用费或其租赁费，内容包括：

(1) 施工机械使用费：以施工机械台班耗用量乘以施工机械台班单价计算，施工机械台班单价应由下列费用组成：

1) 折旧费：指施工机械在规定的使用年限内，陆续收回其原值的费用。

2) 检修费：指施工机械按规定的大修理间隔台班进行必要的大修理，以恢复其正常功能所需的费用。

3) 维护费：指施工机械除大修理以外的各级保养和临时故障排除所需的费用，包括为保障机械正常运转所需替换设备与随机配备工具附具的摊销和维护费用，机械运转中日常保养所需润滑与擦拭的材料费用及机械停滞期间的维护和保养费用等。

4) 安拆费及场外运费：安拆费是指施工机械在现场进行安装与拆卸所需的人工、材料、机械和试运转费用以及机械辅助设施的折旧、搭设、拆除等费用；场外运费是指施工机械整体或分体自停放地点运至施工现场或由一个施工地点运至另一个施工地点的运输、装卸、辅助材料及架线等费用。

5) 人工费：指机上司机（司炉）和其他操作人员的人工费。

6) 燃料动力费：指施工机械在运转作业中所消耗的各种燃料及水、电费等。

7) 其他费用：指施工机械按照国家规定应缴纳的车船使用税、保险费及检测费等。

（2）仪器仪表使用费：指工程施工所需使用的仪器仪表的摊销及维修费用。

4. 企业管理费

企业管理费是指建筑安装企业组织施工生产和经营管理所需的费用，内容包括：

（1）管理人员工资：指按规定支付给管理人员的计时工资、奖金、津贴补贴、加班加点工资及其五险一金以及特殊情况下支付的工资。

（2）办公费：指企业管理办公用的文具、纸张、账表、印刷、邮电、书报、办公软件、现场监控、会议、水电、烧水和集体取暖降温（包括现场临时宿舍取暖降温）等费用。

（3）差旅交通费：指职工因公出差、调动工作的差旅费、住勤补助费，市内交通费和误餐补助费，职工探亲路费，劳动力招募费，职工退休、退职一次性路费，工伤人员就医路费，工地转移费以及管理部门使用的交通工具的油料、燃料等费用。

（4）固定资产使用费：指管理和试验部门及附属生产单位使用的属于固定资产的房屋、设备、仪器等的折旧、大修、维修或租赁费。

（5）工具用具使用费：指企业施工生产和管理使用的不属于固定资产的工具、器具、家具、交通工具和检验、试验、测绘、消防用具等的购置、维修和摊销费。

（6）劳动保险和职工福利费：指由企业支付的职工退职金按规定支付给离休干部的经费，包括集体福利费、夏季防暑降温、冬季取暖补贴、上下班交通补贴等。

（7）劳动保护费：指企业按规定发放的劳动保护用品的支出，如工作服、手套、防暑降温饮料以及在有碍身体健康的环境中施工的保健费用等。

（8）自检试验费：指承包人按照有关标准规定，对建筑以及材料、构件和建筑安装物进行一般鉴定、检查所发生的费用，包括自设试验室进行试验所耗用的材料等费用。

（9）工会经费：指企业按《工会法》规定的全部职工工资总额比例计提的工会经费。

（10）职工教育经费：指按职工工资总额的规定比例计提，企业为职工进行专业技术和职业技能培训，专业技术人员继续教育、职工职业技能鉴定、职业资格认定以及根据需要对职工进行各类文化教育所发生的费用。

（11）财产保险费：指施工管理用财产、车辆等的保险费用。

（12）财务费：指企业为施工生产筹集资金或提供预付款担保、履约担保、职工工资支付担保等所发生的各种费用。

（13）税金及附加：指企业按规定缴纳的房产税、车船使用税、土地使用税、印花税以及城市维护建设税、教育费附加和地方教育附加等。

（14）其他：包括技术转让费、技术开发费、投标费、业务招待费、绿化费、广告费、公证费、法律顾问费、审计费、咨询费、保险费等。

5. 利润

利润指承包人完成合同工程获得的盈利。

6. 增值税

增值税是以商品（含应税劳务）在流转过程中产生的增值额作为计税依据而征收的一种流转税。增值税条件下，计税方法包括一般计税法和简易计税法。

（二）按照工程造价形成划分

建筑安装工程费按照工程造价形成划分，由分部分项工程费、措施项目费、其他项目费和增值税组成，其中分部分项工程费、措施项目费、其他项目费包含由人工费、材料费、施工机具使用费、企业管理费和利润。

1. 分部分项工程费

分部分项工程费是指各专业工程（或单位工程）的分部分项工程应予列支的各项费用。

（1）专业工程：指按现行国家计量规范划分的房屋建筑与装饰工程、仿古建筑工程、通用安装工程、市政工程、园林绿化工程、矿山工程、构筑物工程、城市轨道交通工程、爆破工程等各类工程。

（2）分部工程：指按工程的部位、结构形式等的不同划分的工程，是单位工程的组成部分，可分为多个分项工程。分部工程按现行国家计量规范划分，如房屋建筑与装饰工程划分的土石方工程、地基处理与桩基工程、砌筑工程、钢筋及钢筋混凝土工程等。

（3）分项工程：指根据工种、构件类别、设备类别、使用材料不同划分的工程项目，是分部工程的组成部分。分项工程按国家计量规范划分，工程量清单项目设置原则与其保持一致。

2. 措施项目费

措施项目费是指为完成工程项目施工，发生于该工程施工准备和施工过程中的技术、生活、安全、绿色施工（节能、节地、节水、节材、环境保护）等方面的费用，内容包括：

（1）单价措施项目

1）大型机械设备进出场及安拆费：指机械整体或分体自停放场地运至施工现场或由一个施工地点运至另一个施工地点，所发生的机械进出场运输、转移费用及机械在施工现场进行安装、拆卸所需的人工费、材料费、机械费、试运转费和安装所需的辅助设施的费用。

2）大型机械设备基础：包括塔吊、施工电梯、龙门吊、架桥机等大型机械设备基础的费用，如桩基础、固定式基础制作安装等费用。

3）脚手架工程费：指施工需要的各种脚手架搭、拆、运输费用以及脚手架购置费的摊销（或租赁）费用，以及建筑物四周垂直、水平的安全防护。

4）二次搬运费：指因材料超运距或施工场地条件限制而发生的材料、构配件、半成品等一次运输不能到达堆放地点，必须进行二次或多次搬运所发生的费用。

5）排水降水费：除冬雨季施工增加费以外的降水费用。

6）各专业工程措施项目及其包含的内容详见国家工程量计算规范。

（2）总价措施项目

1）夜间施工增加费：指因夜间施工所发生的夜班补助、夜间施工降效、夜间施工照明、设备摊销及照明用电等费用。

2）冬雨季施工增加费：指在冬季或雨季施工需增加的临时设施、防滑、排除雨雪，人工及施工机械效率降低等费用。

3）压缩工期措施增加费：在工程招标投标时，要求压缩定额工期而采取措施所增加的相关费用。

4）已完工程及设备保护费：指竣工验收前，对已完工程及设备采取的必要保护措施所发生的费用。

5）工程定位复测费：指工程施工过程中进行全部施工测量放线和复测工作的费用。

6）专业工程中的有关措施项目费。

（3）绿色施工安全防护措施项目费

1）安全文明施工费

安全生产费：指施工现场安全施工所需要的各项费用。

文明施工费：指施工现场文明施工所需要的各项费用。

环境保护费：指施工现场为达到环保部门要求所需要的，除绿色施工措施项目以外的各项费用。

临时设施费：指施工企业为进行建设工程施工所应搭设的生活和生产用的临时建筑、构筑物和其他临时设施费用，包括临时设施的搭设、维修、拆除、清理费或摊销费等。

2）绿色施工措施费：指施工现场为达到环保部门绿色施工要求所需要的费用，包括扬尘控制措施费（场地硬化、扬尘喷淋、雾炮机、扬尘监控和场地绿化）、智慧管理设备及系统、场内道路、排水沟及临时管网、施工围挡（墙）等费用。

绿色施工安全防护措施项目费所包含的具体内容见表1-2。

表1-2 绿色施工安全防护措施项目费

安全文明施工费（固定费率）	安全生产费	1. 完善、改造和维护安全防护设施设备费用，配备、维护、保养应急救援器材、设备费用和应急演练费用
		2. 配备和更新安全帽、安全绳等现场作业人员安全防护用品及用具费用
		3. 安全施工专项方案及安全资料的编制费用
		4. 建筑工地安全设施及起重机械等设备的特种检测检验费用
		5. 开展重大危险源和事故隐患评估、监控和整改及远程监控设施安装、使用及设施摊销等费用
		6. 安全生产检查、评价、咨询和标准化建设费用，安全生产培训、教育、宣传费用，安全生产适用的新技术、新标准、新工艺、新装备的推广应用费用，治安秩序管理费用及其他安全生产费用
	文明施工费及环境保护费	五牌一图；现场施工机械设备降低噪声、防扰民措施；现场厕所内部美化，建筑物内临时便溺设施；符合卫生要求的饮水设备、淋浴、消毒等设施；生活用洁净燃料；防蚊虫、四害措施；现场配备医药保健器材、物品费用和急救人员培训，防煤气中毒、治安综合治理措施；现场工人的防暑降温，电风扇、空调等设备及用电；现场污染源的控制、生活垃圾清理外运、建筑垃圾外运（不含土石方及拆除垃圾）、其他环境保护费；扬尘控制设备用水、用电；裸土覆盖
	临时设施费	1. 施工现场临时建筑物、构筑物的搭设、维修、拆除，如临时宿舍、办公室、食堂、厨房、厕所、诊疗所、临时文化福利用房、临时仓库、加工场、搅拌台、临时简易水塔、水池等
		2. 施工现场临时设施的搭设、维修、拆除，如临时供水管道、临时供电管线、小型临时设施等
		3. 其他临时设施的搭设、维修、拆除

（续）

绿色施工措施费（按工程量计量）	扬尘控制措施费	施工场地硬化、扬尘喷淋系统、雾炮机、扬尘在线监测系统、场地绿化
	场内道路	施工道路
	排水沟及临时管网	排水沟、管网以及其相连的构筑物
	施工围挡（墙）	围挡或围墙
	智慧管理设备及系统	施工人员实名制管理设备及系统
		施工场地视频监控设备及系统
		人工智能、传感技术、虚拟现实等高科技技术设备及系统

注：扬尘控制及智慧管理建设的费用，一年工期及以内的按60%计算摊销费用；两年工期及以内的按80%计算摊销费用；两年工期以上的按100%计算摊销费用。

3. 其他项目费

其他项目费是指分部分项工程费、措施项目费所包含的内容以外，因招标人的特殊要求而发生的与拟建工程有关的其他费用项目，包括：暂列金额、暂估价、总承包服务费、计日工、索赔签证、优质工程增加费、提前竣工措施增加费、安全责任险、环境保护税。

4. 增值税

同按照费用构成要素划分中所述。

1.2.2 各种费率

1. 措施费费率及应用

措施费的计算分两种情况：一种情况是针对单价措施项目，其费用的计算方法与分部分项工程一致，通过计算工程量和确定其综合单价计算措施费；另一种情况是针对总价措施项目（按"项"列），根据一定的计费基础乘以相应费率计算措施费。

《湖南省建设工程计价办法》（2020年）中规定的建筑工程及装饰工程部分措施费费率，如下：

（1）冬雨季施工增加费是指冬雨季施工时，为确保施工安全及工程质量所提供的防寒、防雨等施工条件的人工、材料增加费用，不包括构配件中使用材料，如混凝土中掺用外加剂。冬雨季施工增加费在施工措施项目费中列项。冬雨季施工增加费按分部分项工程费和单价措施项目费（除安装工程外）的0.16%计取。

（2）压缩工期措施增加费的计取：建设工程招标阶段确定的工期，按照工期定额（TY01-89-2016建筑安装工程工期定额）标准压缩工期在5%内（含5%）不计算压缩工期措施增加费。压缩工期超过工期定额的5%者，发包单位与承包单位双方应在合同中明确压缩工期措施增加费的计费标准。其计费标准可按分部分项工程费与单价措施项目费中的人工费和机械费分别乘以系数确定，参考系数如下：

1）压缩工期在5%以上10%以内（含10%）者，乘系数1.05。
2）压缩工期在15%以内（含15%）者，乘系数1.10。
3）压缩工期在20%以内（含20%）者，乘系数1.15。
4）当招标人要求压缩工期超过20%者，招标人应组织相关专业的专家对施工方案进行可行性论证，并承担保证工程质量和安全的责任，压缩工期所增加的人工、材料、机械用量依据专家论证的施工方案。

（3）绿色施工安全防护措施项目费：指在工程合同履行过程中，承包人为保证绿色施工（节能、节地、节水、节材、环境保护）、安全文明施工和搭拆临时设施等所发生的措施项目费用。

招标投标时，市政工程绿色施工安全防护措施项目费总费率及安全生产费费率按表1-3规定计算。

表1-3　市政工程绿色施工安全防护措施项目费总费率及安全生产费费率

专业工程		取费基数	绿色施工安全防护措施项目费总费率（%）	安全生产费费率（%）
市政工程	道路、管网、市政排水设施维护、综合管廊、水处理工程	直接费	3.37	2.63
	桥涵、隧道、生活垃圾处理工程		4.13	2.63
	机械土石方（强夯地基）工程		5.25	3.29
	桩基工程、地基处理、基坑支护工程		4.25	3.29

结算时，市政工程绿色施工安全文明防护措施项目费包含固定费率部分及按工程量计算部分；固定费率部分按表1-4规定计算：

表1-4　市政工程绿色施工安全防护措施项目费中固定费率

专业工程		取费基数	绿色施工安全防护措施项目费固定费率（%）
市政工程	道路、管网、市政排水设施维护、综合管廊、水处理工程	直接费	2.4
	桥涵、隧道、生活垃圾处理工程		2.67
	机械土石方（强夯地基）工程		3.61
	桩基工程、地基处理、基坑支护工程		3.12

（4）其他总价措施项目费：夜间施工增加费、已完工程及设备保护费、工程定位复测费，按招标文件规定或合同约定计取；专业工程中的有关措施项目费按各专业工程中的相关规定及招标文件规定或合同约定计取。

【例1-1】　某项目市政工程的分部分项工程费为7 530 000元，措施项目费为3 690 000元，其中单价措施项目费为1 900 000元。在清单计价模式下编制招标控制价时，请根据《湖南省建设工程计价办法》（2020年）确定冬雨期施工增加费。

解：按《湖南省建设工程计价办法》（2020年）中相关规定，冬雨季施工增加费按分部分项工程费和单价措施项目费（除安装工程外）的0.16%计取。

冬雨季施工增加费=(7 530 000+1 900 000)×0.16%=15 088元

2. 企业管理费和利润费率及应用

（1）《湖南省建设工程计价办法》（2020年）中规定的市政工程的企业管理费和利润费

率见表 1-5（市政工程的设备费，园林绿化工程中单株超过 3 万元的苗木不进入直接费取费基数，须计取其他管理费，其他管理费费率由双方协商，或参考表 1-5 费率）。

表 1-5 市政工程企业管理费和利润费率

专业工程		计费基础	费率标准（%）	
			企业管理费	利润
市政工程	道路、管网、市政排水设施维护、综合管廊、水处理工程	直接费	6.8	6
	桥涵、隧道、生活垃圾处理工程		9.65	
	机械土石方（强夯地基）工程		9.65	
	桩基工程、地基处理、基坑支护工程		9.65	

【例 1-2】 某项目市政工程的人工费为 300 000 元，材料费为 690 000 元，机械费为 190 000元。在清单计价模式下编制招标控制价时，请根据《湖南省建设工程计价办法》（2020 年）确定企业管理费。

解：按《湖南省建设工程计价办法》（2020 年）中相关规定，根据表 1-1，市政工程的企业管理费计费基础为直接费，费率为 6.8%，直接费为人材机费用之和。

企业管理费 =（300 000+690 000+190 000）×6.8% = 80 240 元

（2）设备与材料分类参考住建部《建设工程计价设备材料划分标准》（GB/T 50531—2009）划分；为便于区分，市政工程设备详见表 1-6（划分不一致的以表格列明设备为准）。

表 1-6 市政工程设备表

专业	设备名称	单位
交通安全工程设备	摄像机	套
水处理设备	粗格栅机、细格栅机	台
	除污机、清污机	台
	压榨机	台
	水泵	台
	鼓风机	台
	刮砂机（含输送装置）	台
	耙砂机	台
	吸砂机	台
	沉砂器	台
	砂（泥）水分离器	台
	刮泥机	台
	吸泥机	台
	撇渣机	台
	曝气机	台
	滗水机	台
	生物转盘	台
	药物搅拌机	台

（续）

专业	设备名称	单位
水处理设备	潜水推进器	套
	潜水搅拌器	套
	溶药及投加设备	台
	计量泵、计量槽	台
	粉料投加机	台
	粉料计量输送机	台
	二氧化氯发生器	台
	加氯机	套
	氯吸收装置	套
	水射器	个
	管式混合器	个
	压滤机	台
	污泥脱水机	台
	污泥浓缩机	台
	浓缩脱水一体机	台
	闸门	座
	堰门	座
	拍门	个
	泥阀	座
	平板盖阀	座
	消毒设备	套
	除臭设备	台
	膜组件与装置	套
	膜生物反应器（MBR）	套
	转盘过滤器	台
生活垃圾焚烧装置	氨吹脱塔	台
	膜生物反应器	套
	膜组件与装置	套
	自动感应洗车装置	套
	垃圾破碎机	台
	垃圾卸料门	m²
	车辆感应器	套
	桥式起重机	台
	焚烧炉	t
	烟气净化处理设备	t
	除臭装置设备	台
管网工程	DN300mm 以上或3万元以上的水表、阀门和成品调压柜	套

3. 其他项目费费率及应用

《湖南省建设工程计价办法》（2020 年）中规定的市政工程部分其他项目费费率如下：

（1）暂列金额：发包人在工程量清单或预算中暂定并包括在合同价款中的一笔款项，用于工程合同签订时尚未确定或者不可预见的所需材料、服务的采购，施工中可能发生的工程变更、合同约定调整因素出现时的合同价款调整以及发生的索赔、现场签证确认等的费用。暂列金额应根据工程特点按有关规定估算，但不应超过分部分项工程费的 15%。

（2）暂估价：发包人在工程量清单或预算中提供的，用于支付在施工过程中必然发生，但在工程合同签订时暂不能确定价格的材料以及专业工程的金额，包括材料暂估价、专业工程暂估价、分部分项工程暂估价。发包人提供的材料（包括半成品、成品），其费用作为取费基数时不能扣除；在招标控制价或预算编制时，甲供材料按信息价或市场价计入综合单价，结算时依据实际成交价计入综合单价。

（3）计日工：在施工过程中，承包人完成发包人提出的零星项目、零星工作或需要采用计日工计价的变更工作时，依据经发包人确认的实际消耗的人工、材料、施工机械台班的数量，按合同中约定的综合单价计价。

（4）总承包服务费：总承包人为配合协调发包人进行的施工图会审交底，相关单位及周边环境的协调管理，相关施工项目的衔接协调，隐蔽工程及疑难问题的研究处理，分部分项工程质量的相关竣工验收，技术经济资料的归口管理等一系列由施工到竣工验收过程中招标人与分包人的工作都应有总包单位参与协调管理的支出费用。总承包服务费应根据招标文件列出的内容和要求在其他项目清单中计取，该费用由发包人向总承包人支付计入工程造价。其中，专业工程服务费可按分部分项工程费的 2% 计算。

（5）索赔签证：索赔是指在工程承包合同履行过程中，合同当事人一方因非己方的原因而遭受经济损失或工期延误，按合同约定或法律法规规定，应由对方承担责任，从而向对方提出工期和（或）费用补偿要求的行为。现场签证指发包人代表（或其授权的监理人、工程造价咨询人）与承包人现场代表就施工过程中涉及的责任事件所做的签认证明。两者均按实际确认的工期和（或）费用计取。

（6）优质工程增加费：建设工程产品质量标准是按合格产品考虑的，如发包方要求且经评定其质量达到优良工程或鲁班工程者，发包单位与承包单位双方应在合同中就奖励费用予以约定。费用标准可参照以下规定计取：优质工程奖或年度项目考评优良工地按分部分项工程费与措施项目费总额的 1.60%；芙蓉奖按分部分项工程费与措施项目费总额的 2.20%；鲁班工程奖按分部分项工程费与措施项目费总额的 3.0%。同时获得多项的按最高奖项计取。

（7）提前竣工措施增加费：在工程承包合同履行过程中，承包人应发包人的要求而采取加快工程进度措施，使合同工程工期加快，使合同工程工期缩短所发生的费用，其计算方式和标准应由发承包双方在合同中具体约定或根据实际实施情况协商确定。

（8）市政工程安全责任险、环境保护税的费率参照表 1-7。

表1-7 市政工程安全责任险、环境保护税费率

专业工程		取费基数	费率（%）
市政工程	道路、管网、市政排水设施维护、综合管廊、水处理工程	分部分项工程费+措施项目费	1
	桥涵、隧道、生活垃圾处理工程		
	机械土石方（强夯地基）工程		
	桩基工程、地基处理、基坑支护工程		

注：安全责任险、环境保护税合并取费，招标投标时按取费表计算，实际缴纳与取定不同时，可按实调整。

【例1-3】 某项目市政工程的分部分项工程费为600 000元，措施项目费为280 000元，其他项目费为50 000元。在清单计价模式下编制招标控制价时，请根据《湖南省建设工程计价办法》（2020年）确定安全责任险、环境保护税。

解： 按《湖南省建设工程计价办法》（2020年）中相关规定，根据表1-7，市政工程的安全责任险、环境保护税的取费基数为分部分项工程费和措施项目费之和，费率为1%。

安全责任险、环境保护税=（600 000+280 000）×1%＝8 800元

4. 增值税费率

增值税费率参照表1-8。

表1-8 建筑、装饰工程增值税费率

项目名称	计费基础	费率（%）
销项税额（一般计税法）	税前造价	9
应纳税额（简易计税法）	税前造价	3

1.2.3 工程造价计算程序

适用于清单计价的建筑工程与装饰工程费用计算程序见表1-9。

表1-9 工程量清单计价计算程序

序号	费用项目名称	计算方法
一	分部分项工程费	1+2+3+4
1	直接费	1.1+1.2+1.3
1.1	人工费	消耗量标准中各项目人工费×调整系数
1.2	材料费	每计量单位∑（材料消耗量×材料单价）
1.2.1	其中：工程设备费/其他	
1.3	机械费	每计量单位∑（施工机械台班消耗量×台班单价）×调整系数
2	管理费	1×管理费费率
3	其他管理费	

（续）

序号	费用项目名称	计算方法
4	利润	1×利润费率
二	措施项目费	1+2+3
1	单价措施项目费	1.1+1.2+1.3
1.1	直接费	1.1.1+1.1.2+1.1.3
1.1.1	人工费	消耗量标准中各项目人工费×调整系数
1.1.2	材料费	每计量单位∑（材料消耗量×材料单价）
1.1.3	机械费	每计量单位∑（施工机械台班消耗量×台班单价）×调整系数
1.2	管理费	1.1×管理费费率
1.3	利润	1.1×利润费率
2	总价措施项目费	2.1+2.2+2.3+2.4+2.5+2.6
2.1	夜间施工增加费	按招标文件规定或合同约定
2.2	压缩工期措施增加费	按相应规定计算
2.3	冬雨季施工增加费	（分部分项工程费+单价措施项目费）×费率
2.4	工程定位复测费	按招标文件规定或合同约定
2.5	已完工程及设备保护费	按招标文件规定或合同约定
2.6	专业工程中的有关措施项目费	按各专业工程中的相关规定及招标文件规定或合同约定
3	绿色施工安全防护措施项目费	（分部分项工程费中的直接费+单价措施项目费中的直接费）×费率
3.1	其中安全生产费	（分部分项工程费中的直接费+单价措施项目费中的直接费）×费率
三	其他项目费	1+2+3+4+5+6+7+8
1	暂列金额	根据工程特点按有关规定估算，且≤15%分部分项工程费
2	暂估价	按相应规定计算
2.1	材料暂估价/结算价	按规定估价
2.2	专业工程暂估价/结算价	按规定估价
2.3	分部分项工程暂估价	按招标文件规定或合同约定
3	计日工	按相应规定计算
4	总承包服务费	根据招标文件列出的内容和要求计取，其中，专业工程服务费可按分部分项工程费的2%计算

(续)

序号	费用项目名称	计算方法
5	优质工程增加费	按计价规范中相应规定计算
6	安全责任险、环境保护税	(一+二)×费率
7	提前竣工措施增加费	合同中具体约定或根据实际实施情况协商确定
8	索赔签证	按实计取
四	税前造价	一+二+三
五	销项税额/应纳税额	四×相应费率
单位工程建安造价		四+五

任务3　市政工程量清单计价文件的编制

根据《湖南省建设工程计价办法》(2020年)，对招标控制价的编制做出一般规定，并阐述其编制依据、细则及程序，具体如下：

1.3.1　招标控制价编制的一般规定

(1) 依法招标的工程应实行工程量清单招标，并应编制招标控制价。
(2) 招标控制价应由具有编制能力的招标人或受其委托具有相应资质的工程造价咨询人编制和复核。
(3) 工程造价咨询人接受招标人委托编制或复核招标控制价，不得再就同一工程接受投标人委托编制投标报价。
(4) 招标控制价应按照本办法相关规定进行编制和复核。
(5) 当招标控制价超过批准的概算时，招标人应将调整概算报原概算审批部门审核。
(6) 招标人在发布招标文件时应当公布招标控制价的总价，以及各单位工程的分部分项工程费、措施项目费、其他项目费和增值税。同时应将招标控制价及有关资料报送建设行政主管部门备查。

1.3.2　招标控制价的编制细则

(1) 编制招标控制价应依据：
1)《湖南省建设工程计价办法》(2020年)。
2) 国家或省级、行业建设主管部门及建设行政主管部门颁发的消耗量标准和计价办法。
3) 建设行政主管部门发布的工程造价信息，当工程造价信息没有发布时，参照市场价。
4) 合理可行的初步施工方案，对危险性较大的分部分项工程应依据专家论证的施工方案进行编制。
5) 拟定的招标文件及补充通知、招标工程量清单。
6) 编制招标工程量清单的相关依据。

（2）招标控制价的综合单价应包括一定范围和幅度内风险的费用，并说明其包括的人工费、材料费、施工机具使用费、企业管理费、利润。

（3）分部分项工程应根据拟定的招标文件和招标工程量清单中的特征描述及有关要求，按照国家、省级、行业建设主管部门颁发的计价文件及其计价办法，缺项按照市场定价方法或类似工程的计价方法确定综合单价计算。

（4）甲供材料应按招标文件载明的单价计入综合单价。

（5）材料暂估价应按招标文件载明的单价计入综合单价，并单独列出暂估价材料明细表和暂估单价。

（6）措施项目费应根据拟定的招标文件、工程特点及常规施工方案，按照国家、省级、行业建设主管部门颁发的计价文件及其计价办法或市场定价方法、类似工程计价方法确定。其中，总价措施项目金额应根据招标文件和工程量清单结合工程实际编制；绿色施工安全防护措施项目费应按照国家或省级建设行政主管部门的规定计算，不得作为竞争性费用。

（7）其他项目清单应按照下列内容列项：

1）暂列金额应按招标工程量清单中列出的金额填写。

2）暂估价项目应按招标工程量清单中列出的金额填写。

3）计日工应按招标工程量清单中列出的项目，参考国家、省级、行业建设主管部门颁发的计价文件及其计价办法或市场定价方法、类似工程计价方法确定综合单价。

4）总承包服务费、优质工程增加费应按招标工程量清单中列出的项目，按照国家、省级、行业建设主管部门颁发的计价文件及其计价办法、市场定价方法、类似工程计价方法计算。

5）安全责任险、环境保护税应按招标工程量清单中列出的项目，应按国家或省级、行业建设主管部门的规定计算。

（8）增值税应按政府有关主管部门的规定计算费用。

1.3.3 招标控制价的编制程序

湖南省行政区域内的建筑工程发承包及实施阶段的工程计价需要配套使用《湖南省建设工程计价办法》（2020年）与《湖南省建设工程消耗量标准》（2020年），并遵循《建设工程工程量清单计价规范》（GB 50500—2013）的规定编制。

（一）招标控制价计价程序

建设工程的招标控制价反映的是单项工程费用。单位工程费用由分部分项工程费、措施项目费、其他项目费和增值税组成。若干个单位工程费用汇总为单项工程费用，若干个单项工程费用汇总为建设工程的招标控制价。分部分项工程费、措施项目费、其他项目费包含人工费、材料费、施工机具使用费、企业管理费和利润。其计价程序及计算方法见表1-10。

表1-10 招标控制价计价程序及计算方法

序号	费用项目名称	计算方法
一	分部分项工程费	1+2+3+4
1	直接费	1.1+1.2+1.3
1.1	人工费	消耗量标准中各项目人工费×调整系数

项目 1　市政工程计量与计价基本知识

（续）

序号	费用项目名称	计算方法
1.2	材料费	每计量单位∑（材料消耗量×材料单价）
1.2.1	其中：工程设备费/其他	
1.3	机械费	每计量单位∑（施工机械台班消耗量×台班单价）×调整系数
2	管理费	1×管理费费率
3	其他管理费	
4	利润	1×利润费率
二	措施项目费	1+2+3
1	单价措施项目费	1.1+1.2+1.3
1.1	直接费	1.1.1+1.1.2+1.1.3
1.1.1	人工费	消耗量标准中各项目人工费×调整系数
1.1.2	材料费	每计量单位∑（材料消耗量×材料单价）
1.1.3	机械费	每计量单位∑（施工机械台班消耗量×台班单价）×调整系数
1.2	管理费	1×管理费费率
1.3	利润	1×利润费率
2	总价措施项目费	2.1+2.2+2.3+2.4+2.5+2.6
2.1	夜间施工增加费	按招标文件规定或合同约定
2.2	压缩工期措施增加费	按相应规定计算
2.3	冬雨期施工增加费	（分部分项工程费+单价措施项目费）×费率
2.4	工程定位复测费	按招标文件规定或合同约定
2.5	已完工程及设备保护费	按招标文件规定或合同约定
2.6	专业工程中的有关措施项目费	按各专业工程中的相关规定及招标文件规定或合同约定
3	绿色施工安全防护措施项目费	（分部分项工程费中的直接费+单价措施项目费中的直接费）×费率
3.1	其中安全生产费	（分部分项工程费中的直接费+单价措施项目费中的直接费）×费率
三	其他项目费	1+2+3+4+5+6+7+8
1	暂列金额	根据工程特点按有关规定估算，且≤分部分项工程费的15%
2	暂估价	按相应规定计算
2.1	材料暂估价/结算价	按规定估价
2.2	专业工程暂估价/结算价	按规定估价
2.3	分部分项工程暂估价	按招标文件规定或合同约定
3	计日工	按相应规定计算
4	总承包服务费	根据招标文件列出的内容和要求计取，其中，专业工程服务费可按分部分项工程费的2%计算
5	优质工程增加费	按计价规范中相应规定计算
6	安全责任险、环境保护税	（一+二）×费率
7	提前竣工措施增加费	合同中具体约定或根据实际实施情况协商确定
8	索赔签证	按实计取
四	税前造价	一+二+三
五	销项税额/应纳税额	四×相应费率
	单位工程建安造价	四+五

21

1. 分部分项工程费的编制

分部分项工程应根据拟定的招标文件和招标工程量清单中的特征描述及有关要求，按照《建设工程工程量清单计价规范》（GB 50500—2013）和现行消耗量标准来确定招标综合单价，并乘以相应清单工程量，汇总计算分部分项工程费。

2. 措施项目费的编制

措施项目应按照招标文件中提供的措施项目清单确定，措施项目分别以"量"计算和以"项"计算两种。对于可计量的措施项目，以"量"计算，即按其工程量与分部分项工程项目清单单价相同的方式确定综合单价，对于不可计量的措施项目，则以"项"为单位，采取费率法按有关规定综合取定。采取费率法时，须确定某项费用的计费基数及其费率，结果应包括增值税以外的全部费用，计算公式为：

$$以"项"计算的措施项目清单费 = 措施项目计费基数 \times 费率$$

3. 其他项目费的编制

《湖南省建设工程计价办法》（2020 年）中其他项目费包含暂列金额、暂估价（材料暂估价、专业工程暂估价、分部分项工程暂估价）、计日工、总承包服务费、优质工程增加费、安全责任险及环境保护税、提前竣工措施增加费、索赔签证等。

其中暂列金额应根据工程特点按有关规定估算，但不应超过分部分项工程费的 15%；暂估价应按招标工程量清单中列出的金额填写；计日工依据发包人确认的实际消耗的人工、材料、施工机械台班的数量，按合同中约定的综合单价进行计算；总承包服务费按照招标工程量清单中列出的项目，按照国家、省级、行业建设主管部门颁发的计价文件及计价办法、市场定价方法、类似工程计价方法计算。优质工程增加费、安全责任险及环境保护税、提前竣工措施增加费、索赔签证等按照相关计价文件及计价办法进行计算，不再赘述。

4. 增值税的编制

增值税应按照政府有关部门的规定计算费用，不得作为竞争性费用，具体费率见表 1-11。

表 1-11 建筑、装饰工程增值税费率

项目名称	计费基础	费率（%）
销项税额（一般计税法）	税前造价	9
应纳税额（简易计税法）	税前造价	3

（二）招标控制价文件装订顺序

招标人结合项目实际情况，依据招标文件有关约定进行编制，随招标文件发布、供投标报价的招标控制价文件的编制和装订必须符合《湖南省建设工程计价办法》（2020 年）要求的标准格式和装订顺序。E.××（数字）表格为《湖南省建设工程计价办法》（2020 年）建筑安装工程造价计价程序中标准格式的编号，具体编号如下：

（1）E.2：招标控制价封面。

（2）E.7：招标控制价扉页。

（3）E.11：工程计价总说明。

（4）E.12：建设项目招标控制价汇总表。

（5）E.13：单项工程招标控制价汇总表。

(6) E.14：单位工程招标控制价汇总表。
(7) E.18：分部分项工程项目清单与措施项目清单计价表。
(8) E.19：综合单价分析表。
(9) E.20：总价措施项目清单计费表。
(10) E.21：绿色施工安全防护措施项目费计价表（招标）。
(11) E.23：其他项目清单与计价汇总表。
(12) E.24：暂列金额明细表。
(13) E.25：材料暂估单价及调整表。
(14) E.26：专业工程/分部分项工程暂估价表。
(15) E.27：计日工表。
(16) E.28：总承包服务费计价表。
(17) E.29：部分其他项目费计价表。
(18) E.38：发包人提供材料一览表。
(19) E.40：人工、材料、机械汇总表。
(20) 工程量计算式表（若有）。

1.3.4 投标报价的编制

根据《湖南省建设工程计价办法》（2020年），对投标报价的编制做出一般规定，并阐述其编制依据、细则及程序，具体如下：

一、投标报价编制的一般规定

(1) 投标价应由投标人或受其委托具有相应资质的工程造价咨询人编制。
(2) 投标人的投标报价高于招标控制价的其投标无效。
(3) 投标人应依据本办法相关规定自主确定投标报价，但投标报价不得低于工程成本。

二、投标报价的编制细则

(1) 编制投标报价可依据：企业定额和企业数据；答疑纪要以及招标控制价相关编制依据。
(2) 投标报价中应包括招标文件中规定由投标人承担的一定范围与幅度内风险的费用，招标文件中没有明确的，应提请招标人明确。
(3) 投标人应提供综合单价分析表，按本办法相关规定，明确综合单价包含内容。招标文件或招标工程量清单编制说明已经规定计算办法的，应从其规定计算。
(4) 分部分项工程项目和单价措施项目，应根据招标文件和招标工程量清单项目中的特征描述确定综合单价计算。
(5) 总价措施项目金额应根据招标文件和投标时拟定的施工组织设计或施工方案计算，并列出其计算公式。
(6) 绿色施工安全防护施工措施项目费应按照《湖南省建设工程计价办法》（2020年）相关规定计算。

三、投标报价的编制程序

投标报价的编制过程，应首先根据招标人提供的工程量清单编制分部分项工程量清单和措施项目清单计价表、其他项目计价表、增值税项目计价表，核对工程量，计算综合单价并报价，汇总得到单位工程投标报价汇总表，再层层汇总，分别得出单项工程投标报价汇总表和建设项目投标总价汇总表。在编制过程中，投标人应按招标人提供的工程量清单填报价格。

（一）投标报价计价程序

1. 分部分项工程费的编制

投标报价中的分部分项工程费应按招标文件中分部分项工程量清单计价表的特征描述确定综合单价，并乘以对应的工程量确定合价。因此，确定投标综合单价是分部分项工程量清单报价表编制过程中最主要的内容。

投标综合单价包括完成规定工程量清单项目的全部工作任务所需的人工费、材料费、施工机具使用费和企业管理费、利润，并考虑一定的风险费用。

分摊考虑一定风险因素的投标综合单价＝企业人工费＋材料费和工程设备费＋施工机具使用费＋企业管理费＋合理利润。

2. 措施项目费的编制

措施项目应按招标文件中提供的措施项目清单确定，对于可计量的措施项目，以量计算，与分部分项工程项目清单单价相同的方式确定综合单价，量价相乘得到合价；对于不能精确计量的措施项目，响应招标文件，编制总价措施项目清单与报价表。总价措施项目金额应根据招标文件和投标时拟定的施工组织设计或施工方案计算，并列出其计算公式。

投标人对措施项目中的总价项目投标报价应遵循以下原则：

（1）措施项目的内容应依据招标人提供的措施项目清单和投标人投标时拟定的施工组织设计或施工方案确定。

（2）措施项目费由投标人自主确定。

3. 其他项目费的编制

其他项目费主要包括暂列金额、暂估价、计日工、总承包服务费、优质工程增加费、安全责任险、环境保护税、提前竣工措施增加费及索赔签证等组成，投标人对其他项目费投标报价时应遵循以下原则：

（1）暂列金额应按照招标人提供的其他项目清单中列出的金额填写，不得变动。

（2）暂估价不得变动和更改。暂估价中的材料、工程设备暂估价必须按照招标人提供的暂估单价计入清单项目的综合单价；专业工程暂估价必须按照招标人提供的其他项目清单中列出的金额填写。材料、工程设备暂估单价和专业工程暂估价均由招标人提供，为暂估价格。在工程实施过程中，对于不同类型的材料与专业工程采用不同的计价方法。

（3）计日工应按照招标人提供的其他项目清单列出的项目和估算的数量，自主确定各项综合单价并计算费用。

（4）总承包服务费、优质工程增加费应按照招标工程量清单中列出的项目与国家、省级、行业建设主管部门颁发的计价文件及其计价办法、市场定价方法、类似工程计价方法计算。

（5）安全责任险、环境保护税应按照招标工程量清单中列出的项目与国家或省级、行业建设主管部门的规定计算。

（6）提前竣工措施增加费。投标时应仔细查看招标文件，若投标时没进行约定，则投标时不要考虑，但需要做好施工过程中发生的准备。

（7）索赔签证。在施工过程中发生，需要及时做好签证。

4. 增值税的编制

增值税项目清单应按政府有关主管部门的规定计算费用，投标时按规定费率执行，可参见表 2-2，增值税不得作为竞争性费用。

投标人的投标总价应当与组成工程量清单的分部分项工程费、措施项目费、其他项目费和增值税的合计金额相一致，即投标人在进行工程量清单招标的投标报价时，不能进行投标总价优惠（或降价、让利），投标人对投标报价的任何优惠（或降价、让利）均应反映在相应清单项目的综合单价中。

投标报价进行复核并经企业相关人员论证后，按照招标文件要求和《湖南省建设工程计价办法》要求，打印并注意装订顺序，签字盖章，作为投标中重要文件仔细装订在投标文件中。

（二）投标报价文件装订顺序

投标人结合项目实际情况，依据招标文件有关约定进行编制，必须符合《湖南省建设工程计价办法》（2020年）要求的标准格式和装订顺序。E.××（数字）表格为《湖南省建设工程计价办法》（2020年）建筑安装工程造价计价程序中标准格式的编号，具体编号如下：

（1）E.3：投标总价封面。
（2）E.8：投标总价扉页。
（3）E.11：工程计价总说明。
（4）E.12：建设项目投标报价汇总表。
（5）E.13：单项工程投标报价汇总表。
（6）E.14：单位工程投标报价汇总表。
（7）E.18：分部分项工程量清单与措施项目清单计价表。
（8）E.19：综合单价分析表。
（9）E.20：总价措施项目清单计费表。
（10）E.21：绿色施工安全防护措施项目费计价表（投标）。
（11）E.23：其他项目清单与计价汇总表。
（12）E.24：暂列金额明细表。
（13）E.25：材料暂估单价及调整表。
（14）E.26：专业工程/分部分项工程暂估价及结算价表。
（15）E.27：计日工表。
（16）E.28：总承包服务费计价表。
（17）E.29：部分其他项目费计价表。
（18）E.38：发包人提供材料一览表。
（19）E.40：人工、材料、机械汇总表。
（20）工程量计算式表。

四、相关计价表格

摘取《湖南省建设工程计价办法》（2020年）附录 E（建筑安装工程造价计价程序及表格）部分内容见表 1-12～表 1～32。

表1-12 招标控制价封面

_____工程

招标控制价

招标人：_____

（单位盖章）

造价咨询人：_____

（单位盖章）

年　　月　　日

表1-13 投标总价封面

_____工程

投标总价

招标人：_____

(单位盖章)

年　月　日

表 1-14　招标控制价扉页

_____工程

招标控制价

招标控制价（小写）：_____
　　　　　（大写）：_____

招标人：_____　　　造价咨询人：_____
　　　（单位盖章）　　　　　　　　　　　　　（单位资质专用章）

法定代理人　　　　　　　　　　　　　　　法定代理人
或其授权人：_____　　或其授权人：_____
　　　（签字或盖章）　　　　　　　　　　　　　（签字或盖章）

编制人：_____　　　复核人：_____
　　（造价人员签字盖专用章）　　　　　　　（造价工程师签字盖专用章）

编制时间：　年　月　日　　　复核时间：　年　月　日

表 1-15　投标总价扉页

投标总价

招标人：_____

工程名称：_____

投标总价（小写）：_____

　　　　　（大写）：_____

投标人：_____
　　　　　　　（单位盖章）

法定代表人或其授权人：_____
　　　　　　　　　　（签字或盖章）

编制人：_____
　　　　　（造价人员签字盖专用章）

年　　月　　日

表 1-16　工程计价总说明

总说明

工程名称：　　　　　　　　　　　　　　　　　　　　　　　　第　页 共　页

表 1-17　建设项目招标控制价/投标报价汇总表

工程名称：　　　　　　　　　　　　　　　　　　　　　　　　　　　第　页　共　页

序号	单项工程名称	金额/元	其中/元	
			绿色施工安全防护措施项目费	暂估价
	合计			

注：本表适用于建设项目招标控制价或投标报价的汇总。

表1-18 单项工程招标控制价/投标标价汇总表

工程名称：　　　　　　　　　　　　　　　　　　　　　　　　　　　　第 页 共 页

序号	单项工程名称	金额/元	其中/元	
			绿色施工安全防护措施项目费	暂估价
	合计			

注：本表适用于单项工程招标控制价或投标报价的汇总。

表 1-19　单位工程招标控制价/投标标价汇总表

工程名称：　　　　　　　　　　　标段：　　　　　　　　　　　第　页　共　页

序号	工程内容	计费基础说明	费率（%）	金额	其中：暂估价/元
一	分部分项工程费	分部分项费用合计			
1	直接费				
1.1	人工费				
1.2	材料费				
1.2.1	其中：工程设备费/其他	（详见《湖南省建设工程计价办法》（2020年）附录C说明第2条规定计算）			
1.3	机械费				
2	管理费				
3	其他管理费	（详见《湖南省建设工程计价办法》（2020年）附录C说明第2条规定计算）			
4	利润				
二	措施项目费	1+2+3			
1	单价措施项目费	单价措施项目费合计			
1.1	直接费				
1.1.1	人工费				
1.1.2	材料费				
1.1.3	机械费				
1.2	管理费				
1.3	利润				
2	总价措施项目费	（按表1-20总价措施项目清单计费表计算）			
3	绿色施工安全防护措施项目费	（按表1-23绿色施工安全防护措施项目费计价表计算）			
3.1	其中安全生产费	（按表1-23绿色施工安全防护措施项目费计价表计算）			
三	其他项目费	（按表1-24其他项目清单与计价汇总表计算）			
四	税前造价	一+二+三			
五	销项税额	四			
	单位工程建安造价	四+五			

表1-20 分部分项工程项目清单与措施项目清单计价表

工程名称：　　　　　　　　　　标段：　　　　　　　　　　　　　　　　　　　　　　　第　页 共　页

序号	项目编码	项目名称	项目特征描述	计量单位	工程量	金额/元		
						综合单价	合价	其中：暂估价
1		（本行为清单内容）						
1.1		（本行为消耗量内容）						
1.2		（本行为消耗量内容）						
1.3		（本行为消耗量内容）						
2								
2.1								
2.2								
3								
		本页小计						
		合计						

注：1. 本表工程量清单项目综合的消耗量标准与表1-21综合单价分析表综合的内容应相同；
　　2. 此表用于竣工结算时无暂估价栏。

表 1-21 综合单价分析表

工程名称：　　　　　　　　　　　　　　　标段：　　　　　　　　　　　　　　　第　页　共　页

清单编码	项目名称	计量单位	数量	综合单价					合价/元
				单价/元			管理费（%）	其他管理费（%）	利润（%）
消耗量标准编号	项目名称	单位	数量	合计（直接费）	人工费	材料费	机械费		
	材料，名称、规格、型号	单位	数量	单价/元			合价/元	暂估单价	暂估合价
	材料费合计			元			—	—	

注：1. 本表用于编制招投标综合单价时，招标文件提供了暂估单价的材料，应按暂估的单价填入表内"暂估单价"栏及"暂估合价"栏。
2. 本表用于编制竣工结算时，其材料单价应按双方约定的（结算单价）填写。
3. 其他管理费的计算按《湖南省建设工程计价办法》（2020年）附录C建筑安装工程费用标准费用标准说明第2条规定计取。

表1-22 总价措施项目清单计费表

工程名称：　　　　　　　　　　　标段：　　　　　　　　　　　　　　　　　　　　　　　　第 页 共 页

序号	项目编号	项目名称	计算基础	费率(%)	金额/元	备注
1		夜间施工增加费	按招标文件规定或合同约定			
2		压缩工期措施增加费（招投标）	《湖南省建设工程计价方法》(2020年) 附录D 相关规定			
3		冬雨季施工增加费	《湖南省建设工程计价方法》(2020年) 附录D 相关规定			
4		已完工程及设备保护费	按招标文件规定或合同约定			
5		工程定位复测费	按招标文件规定或合同约定			
6		专业工程中的有关措施项目费	按各专业工程中的相关规定及招标文件规定或合同约定			
合　计						

注：按施工方案计算的措施费，若无"计算基础"和"费率"的数值，也可只填"金额"数值，但应在备注栏栏说明施工方案出处或计算方法。

表 1-23 绿色施工安全防护措施项目费计价表（招投标）

工程名称：　　　　　　　　　　标段：　　　　　　　　　　　　　第　页　共　页

序号	工程内容	计算基数	费率（%）	金额/元	备注
一	绿色施工安全防护措施项目费	直接费/人工费			按《湖南省建设工程计价办法》（2020年）附录C说明及表4相应总费率标准计算
其中	安全生产费	直接费/人工费			

注：安装工程取费基数按人工费，其他工程取费基数按直接费（不含其他管理费的计费基数，详见《湖南省建设工程计价办法》（2020年）附录C说明）计算。

表 1-24　其他项目清单与计价汇总表

工程名称：建筑工程　　　　　　　　　标段：　　　　　　　　　　　第　页　共　页

序号	项目名称	计费基础/单价	费率/数量	合计金额/元	备注
1	暂列金额				明细详见表 1-25
2	暂估价				
2.1	材料暂估价				
2.2	专业工程暂估价				明细详见表 1-27
2.3	分部分项工程暂估价				按招标文件规定或合同约定明细详见表 1-27
3	计日工				明细详见表 1-28
4	总承包服务费				明细详见表 1-29
5	优质工程增加费				明细详见表 1-30
6	安全责任险、环境保护税				明细详见表 1-30
7	提前竣工措施增加费				明细详见表 1-30
8	索赔签证				
9	其他项目费合计		1+2+3+4+5+6+7+8		

注：材料暂估单价进入清单项目综合单价，此处不汇总。

项目1 市政工程计量与计价基本知识

表 1-25 暂列金额明细表

工程名称：建筑工程　　　　　　　　标段：　　　　　　　　　　　　　　　　　第 页 共 页

序号	项目名称	计量单位	暂定金额/元	备注
1	不可预见费			
2	检验试验费			
	合　　计			

注：此表由招标人填写，如不能详列，也可只列暂定金额总额，投标人应将上述暂列金额计入投标总价中。

表 1-26　材料暂估单价及调整表

工程名称：建筑工程　　　　　　　　　　标段：　　　　　　　　　　　　　　第　页　共　页

序号	材料名称、规格、型号	计量单位	数量		暂估/元		确认/元		差额（±）/元		备注
			暂估	确认	单价	合价	单价	合价	单价	合价	
		合计									

注：此表由招标人填写"暂估单价"，并在备注栏说明暂估价的材料拟用在那些清单项目上，投标人应将上述材料暂估单价计入工程量清单综合单价报价中。

表 1-27 专业工程/分部分项工程暂估价及结算价表

工程名称：　　　　　　　　　　　标段：　　　　　　　　　　　　　第 页 共 页

序号	工程名称	工程内容	暂估金额/元	结算金额/元	差额（±）/元	备注
	合 计					

注：此表"暂估金额"由招标人填写，投标人应将"暂估金额"计入投标总价中。结算时按合同约定结算金额填写。

表1-28 计日工表

工程名称：　　　　　　　　　　　　　标段：　　　　　　　　　　　　　　　　第 页 共 页

编号	项目名称	单位	暂定数量	实际数量	综合单价/元	合价	
						暂定	实际
一	人工						
1							
2							
3							
4							
	人工小计						
二	材料						
1							
2							
3							
4							
5							
6							
	材料小计						
三	施工机械						
1							
2							
3							
4							
	施工机械小计						
	总计						

注：1. 此表项目名称、暂定数量由招标人填写，编制招标控制价时，单价由招标人按有关计价规定确定；投标时，单价由投标人自主报价，按暂定数量计算合价计入投标总价中。结算时，按发承包双方确认的实际数量计算合价。

2. 综合单价应包括企业管理费和利润。

表 1-29 总承包服务费计价表

工程名称：　　　　　　　　　　　标段：　　　　　　　　　　　　　　　　　　　　　　　　　　　第 页 共 页

序号	项目名称	项目价值/元	服务内容	计算基础	费率（%）	金额/元
1	发包人发包专业工程服务费	（分部分项工程费）				
2	发包人提供材料采保费	（发包人提供材料总值）				
	合计			—	—	

表 1-30 部分其他项目费计价表

工程名称：建筑工程　　　　　　　　　标段：　　　　　　　　　　　　　第 页 共 页

序号	项目名称	计算基数	费率（%）	金额/元	备注
1	优质工程增加费	（分部分项工程费+措施项目费）			详见《湖南省建设工程计价办法》（2020年）附录 D 说明
2	安全责任险、环境保护税	（分部分项工程费+措施项目费）			详见《湖南省建设工程计价办法》（2020年）附录 C 表 6
3	提前竣工措施增加费	（按合同约定）			
	合计	—	—		—

注：环境保护税费、安全责任险招投标时按计费基数及费率暂估，结算与取定不同时，可按实际调整。

表 1-31 发包人提供材料一览表

工程名称:　　　　　　　　　　　　标段:　　　　　　　　　　　　　第　页　共　页

序号	材料名称、规格、型号	单位	数量	单价/元	交货方式	送达地点	备注

注:此表由招标人填写,供投标人在投标报价、确定总承包服务费时参考。

表 1-32　人工、材料、机械汇总表

工程名称：　　　　　　　　　　　标段：　　　　　　　　　　　　　　　第　页　共　页

序号	编码	名称（材料、机械规格型号）	单位	数量	单价/元	合价/元	备注
		本页小计	元				
		合计	元				

注：招标控制价、投标报价、竣工结算通用表。

任务 4　市政工程消耗量标准的应用

1.4.1　消耗量标准分类和适用范围

一、消耗量标准的概念和作用

1. 消耗量标准的概念

消耗量标准是在正常的施工条件下，完成一定计量单位合格分项工程和结构构件所需消耗的人工、材料、机械台班数量及相应费用标准。消耗量标准是工程建设中重要的技术经济文件，是编制施工图预算的主要依据，是确定和控制工程造价的基础。

2. 消耗量标准的作用

（1）消耗量标准是编制施工图预算、确定建筑工程造价的基础。施工图设计一经确定，工程造价就取决于消耗量标准水平和人工、材料及机具台班的价格。消耗量标准起着控制劳动消耗、材料消耗和机具台班使用的作用，进而起着控制建筑产品价格的作用。

（2）消耗量标准是编制施工组织设计的依据。施工组织设计的重要任务之一，是确定施工中所需人力、物力的供求量，并做出最佳安排。施工单位在缺乏本企业的施工定额的情况下，根据消耗量标准，也能够比较精确地计算出施工中各项资源的需要量，为有计划地组织材料采购和预制件加工、劳动力和施工机具的调配，提供了可靠的计算依据。

（3）消耗量标准是工程结算的依据。工程结算是建设单位和施工单位按照工程进度对已完成的分部分项工程实现货币支付的行为。按进度支付工程款，需要根据消耗量标准将已完分项工程的造价算出。单位工程验收后，再按竣工工程量、消耗量标准和施工合同规定进行结算，以保证建设单位建设资金的合理使用和施工单位的经济收入。

（4）消耗量标准是施工单位进行经济活动分析的依据。消耗量标准规定的物化劳动和劳动消耗指标，是施工单位在生产经营中允许消耗的最高标准。施工单位必须以消耗量标准作为评价企业工作的重要标准，作为努力实现的目标。施工单位可根据消耗量标准对施工中的人工、材料、机具的消耗情况进行具体的分析，以便找出并克服低功效、高消耗的薄弱环节，提高竞争能力。只有在施工中尽量降低劳动消耗，采用新技术、提高劳动者素质，提高劳动生产率，才能取得较好的经济效益。

（5）消耗量标准是合理编制招标控制价的基础。在深化改革中，消耗量标准的指令性作用将日益削弱，消耗量标准作为编制招标控制价的依据，这也是由消耗量标准本身的科学性和指导性决定的。

二、消耗量标准的分类和适用范围

1. 按专业性质分类和适用范围

消耗量标准按专业划分可分为建筑工程消耗量标准和安装工程消耗量标准。建筑工程消耗量标准按适用对象分为房屋建筑工程消耗量标准、市政工程消耗量标准、铁路工程消耗量标准、公路工程消耗量标准、土地开发整理项目消耗量标准、房屋修缮工程消耗量标准及矿

山井巷工程消耗量标准等。安装工程消耗量标准按适用对象分为电气设备安装工程消耗量标准、机械设备安装工程消耗量标准、通信设备安装工程消耗量标准、化学工业设备安装工程消耗量标准、工业管道安装工程消耗量标准、工艺金属结构安装工程消耗量标准及热力设备安装工程消耗量标准等。建筑工程消耗量标准和安装工程消耗量标准适用于相应专业的新建、扩建和改建工程。

2. 按管理权限和执行范围分类和适用范围

消耗量标准按管理权限和执行范围分可分为全国统一消耗量标准、行业统一消耗量标准、地区统一消耗量标准和企业定额等。全国统一消耗量标准由国务院建设行政主管部门组织指定发布,可作为编制地区消耗量标准的依据。行业统一消耗量标准由国务院行业主管部门指定发布,如《公路工程预算定额》(JTG/T 3832—2018)。地区统一消耗量标准由省、自治区、直辖市建设行政主管部门制定发布,可以作为该地区建设工程项目计价的依据。企业定额是由建筑施工企业根据企业自身的施工技术水平和管理水平,以及各地区有关工程造价计算的规定编制的,供本企业使用。

1.4.2 市政工程消耗量标准的使用

一、市政工程消耗量标准的组成

市政工程消耗量标准主要由总说明、分部说明、工程量计算规则、消耗量标准项目表及有关附录等组成。

消耗量标准
应用案例

1. 总说明

消耗量标准总说明主要说明各分部工程的共性问题和有关的统一规定,对各章都起作用。总说明主要包括消耗量标准的编制原则、编制依据、适用范围、用途、工程质量要求、施工条件,同时说明了编制消耗量标准时已经考虑和没有考虑的因素,使用方法和有关规定,对名词符号的解释等。因此,使用消耗量标准前应仔细阅读总说明的内容。

2. 分部说明

分部说明主要介绍了分部工程所包括的主要项目内容、编制中有关问题的说明、施工方法、消耗量标准的调整、特殊情况的处理方法等,是消耗量标准的重要组成部分,必须全面掌握。

3. 工程量计算规则

消耗量标准中的工程量计算规则综合考虑了施工方法、施工工艺和施工质量要求,计算出的工程量一般要考虑施工中的余量,与消耗量标准项目的消耗量指标相互配套使用。如在消耗量标准中"一般土石方"项目的工程量计算规则为"按设计图示基础(含垫层)尺寸,另加工作面宽度、土方放坡宽度或石方允许超挖量乘以开挖深度,以体积计算"。

4. 消耗量标准项目表

消耗量标准项目表是消耗量标准的主要组成部分,一般由工作内容(分项说明)、消耗量标准单位、项目表组成,见表1-33。

(1)工作内容:列在消耗量标准项目表的表头左上方,列出表中分项工程消耗量标准项目的主要工作过程。

（2）消耗量标准单位：列在消耗量标准项目表表头右上方，一般为扩大计量单位，如 $10m^2$、$100m^2$、$100m^3$ 等。

（3）项目表：是消耗量标准的核心部分，是消耗量标准最基本的表现形式，每一消耗量标准项目表均列有项目名称、消耗量标准编号、计量单位、消耗量和基价等。横向，由若干个项目和子项目组成；竖向，由"基价、人工费、材料费、机械费、各材料和机械台班消耗量及单价组成。其中：

$$分项工程消耗量标准基价 = 人工费 + 材料费 + 机械费$$

$$材料费 = \sum (材料消耗量 \times 相应材料单价)$$

$$机械费 = \sum (机械台班消耗量 \times 相应机械台班单价)$$

表1-33　水泥混凝土路面消耗量标准项目表

工作内容：放样、模板制作、安拆、模板刷油、混凝土纵缝涂沥青油、浇筑、捣固、抹光或拉毛。

计量单位：$100m^2$

	编号			D2-118	D2-119
	项目			厚度20cm	每增减1cm
	基价/元			12 819.22	643.27
其中	人工费			781.25	39.13
	材料费			12 011.81	602.83
	机械费			26.16	1.31
	名称	单位	单价	数量	
材料	商品混凝土（砾石）C30	m^3	571.81	20.400	1.020
	圆钉	kg	6.50	0.200	—
	套筒铁件	kg	7.43	6.500	0.333
	板方材	m^3	1 637.17	0.049	0.005
	水	t	4.39	9.010	0.003
	其他材料费	元	1.00	177.514	8.909
机械	混凝土振动器附着式	台班	10.32	2.535	0.127

5. 消耗量标准附录（附表）

附录是配合消耗量标准使用的不可缺少的重要组成部分，主要包括各种半成品配合比表（表1-34）、装饰材料预算价格表及机械台班单价表（表1-35）等资料，有时还设附件图等，是消耗量标准换算、材料消耗量的计算、调整和制定补充消耗量标准的参考依据。

表1-34　水泥砂浆配合比表（部分）　　　　　计量单位：m^3

编号	H11-1	H11-2	H11-3	H11-4	H11-5
项目	水泥砂浆				
	1:1	1:1.5	1:2	1:2.5	1:3
基价/元	596.69	588.99	585.12	580.65	538.83

（续）

编号				H11-1	H11-2	H11-3	H11-4	H11-5
其中	人工费			—	—	—	—	—
	材料费			596.69	588.99	585.12	580.65	538.83
	机械费			—	—	—	—	—
	名称	单位	单价	数量				
材料	普通硅酸盐水泥（P·O）42.5级	kg	0.51	765.00	644.00	557.00	490.00	408.00
	粗净砂	m³	270.03	0.76	0.96	1.11	1.22	1.22
	水	t	4.39	0.30	0.30	0.30	0.30	0.30

二、市政工程消耗量标准的使用

正确使用消耗量标准，首先，要学习消耗量标准各部分说明、附注和附录，对说明中有关编制原则、适用范围、已考虑因素或未考虑因素、有关问题的说明和使用方法等都要熟悉掌握。其次，对常用项目包括的工作内容、计量单位和消耗量标准项目隐含的工艺做法要理解其含义。最后，精通工程量计算规则与方法。要正确理解设计文件要求和施工做法是否和消耗量标准一致，只有对设计文件和施工要求有深刻的了解，才能正确使用消耗量标准，防止错套、重套和漏套。消耗量标准的使用一般有直接套用、调整换算后套用或补充新消耗量标准项目等方法。

1. 消耗量标准的直接套用

当施工图的设计要求、做法说明、项目内容与消耗量标准的项目内容完全一致时，可直接套用消耗量标准计算直接工程费。完全一致是指工作内容、施工方法、使用材料种类、规格、半成品材料配比、使用机械种类等均相同。直接套用消耗量标准时可按目录中分部工程——消耗量标准章节——消耗量标准项目表——子项目的顺序找出所需项目。套用时应注意以下几点：

（1）根据施工图、设计说明和做法说明，选择消耗量标准项目。

（2）对每个分项工程的内容、技术特征和施工方法进行仔细核对，准确地确定相对应的消耗量标准项目。

（3）分项工程的名称和计量单位要与消耗量标准相一致。消耗量标准项目基本上是扩大的计量单位，要注意把分项工程量转变成消耗量标准计量单位数量。

（4）要注意消耗量标准项目表上的工作内容，工作内容中所列出的施工过程已包括在消耗量标准基价内，编制预算时不能重复列项。

【例1-4】 某桥梁工程0#桥台采用C30砾40商品混凝土，采用固定泵，泵送浇筑，泵送距离100m，工程量为50.7m³。试根据《湖南省市政工程消耗量标准》（2020年），求完成台身混凝土浇捣、养护等全部操作过程所需要的材料和机械的消耗量。消耗量标准项目表部分摘录见表1-36和表1-37。

项目1 市政工程计量与计价基本知识

表1-35 机械台班单价表(部分)

编码	机械名称	规格型号		机型	台班单价	费用组成										
						折旧费	检修费	维护费	安拆费及场外运费	其他费用	人工费	汽油 8.72	柴油 7.16	电 0.80	煤 0.80	木柴 0.39	水 4.39
					元	元	元	元	元	元	元	kg	kg	kw·h	kg	kg	m³
J6-1	双卧轴式混凝土搅拌机	出料容量/L	350	小	298.39	20.649	4.646	22.021	10.622		160.00			100.56			
J6-2			500	小	331.15	30.677	6.896	32.686	10.622		160.00			112.84			
J6-3	滚筒式搅拌机		350	小	298.39	20.649	4.646	22.021	10.622		160.00			100.56			
J6-4	筛土机	容量/m³	0.5	小	331.15	30.677	6.896	32.686	10.622		160.00			112.84			
J6-5	连续梁桥顶推设备	顶推力600以内/kN	TL1-60	小	72.33	23.890	4.680	16.230						34.41			
J6-6	混凝土汽车式输送泵	输送长度/m	37	大	4 792.86	726.630	792.000	600.000	280.380	792.00	320.00		179.03				
J6-7			46	大	5 216.46	934.225	90.000	600.000	280.380	900.00	320.00		179.03				

表 1-36　混凝土桥台

工作内容：混凝土浇筑、捣固、抹平、养护等。　　　　　　　　　　　计量单位：10m³

	编号			D3-7	D3-8
	项目			轻型桥台	实体式桥台
	基价/元			6 887.01	6 670.11
其中	人工费			965.00	755.00
	材料费			5 909.52	5 902.62
	机械费			12.49	12.49
	名称	单位	单价	数量	
材料	商品混凝土（砾石）C30	m³	571.81	10.150	10.150
	无纺土工布	m³	1.50	3.960	4.050
	水	t	4.39	2.820	1.240
	其他材料费	元	1.00	87.333	87.231
机械	混凝土振动器插入式	台班	11.19	1.116	1.116

表 1-37　混凝输送（部分）

工作内容：机械就位、泵管安拆、混凝土输送、清理等。　　　　　　　计量单位：10m³

	编号			D3-54	D3-55
	项目			固定泵	
				输送管100m内	每增50m内
	基价/元			196.49	44.06
其中	人工费			75.00	25.00
	材料费			30.87	8.88
	机械费			90.62	10.18
	名称	单位	单价	数量	
材料	泵管 φ150 商品混凝土输送用	kg	4.78	5.490	1.830
	水	t	4.39	0.950	—
	其他材料费	元	1.00	0.456	0.131
机械	混凝土汽车式输送泵 46m	台班	5 216.46	—	—
	混凝土输送泵 60m³/h	台班	1 018.19	0.089	0.010
	汽车式起重机 12t	台班	1 131.25		

解：根据表 1-36 和表 1-37 可知，实际工程的设计要求、做法说明、项目内容与消耗量标准的项目内容完全一致。可直接套用 D3-8 和 D3-54，并将分项工程量转变成消耗量标准计量单位数量即可。

工程量为 50.7m³ 桥台各材料和机械用量如下：

商品混凝土（砾石）C30：10.15×50.7÷10=51.46（m³）

无纺土工布：4.05×50.7÷10=20.53（m²）

水：1.24×5.07+0.95×5.07=11.1（t）

泵管 φ150 商品混凝土输送用：5.49×5.07=27.83（kg）
其他材料费：87.231×5.07+0.456×5.07=444.57（元）
混凝土振动器插入式：1.116×5.07=5.66（台班）
混凝土输送泵 60m³/h：0.089×5.07=0.45（台班）

2. 消耗量标准的换算套用

当设计要求与消耗量标准的工程内容、材料规格、施工方法等条件不完全相符时，则不可直接套用消耗量标准。可根据编制总说明、分部工程说明等有关规定，在消耗量标准规定范围内加以调整换算，从而使消耗量标准里的消耗量或单价更能反映施工图或设计的要求。经过换算后的项目，要在其消耗量标准编号后加注"换"字，以示区别。

消耗量标准的调整换算主要包括强度等级换算、配合比换算、材料品种、材料用量换算、乘系数换算等。

(1) 强度换算。当消耗量标准中混凝土或砂浆的强度等级与施工图设计要求不同时，消耗量标准规定允许换算的可按要求进行换算，换算前后材料的消耗量是一致的，只是价格不同。换算步骤如下：

1) 查找两种不同强度等级的混凝土或砂浆的预算单价。
2) 计算两种不同强度等级材料的价差。
3) 查找消耗量标准中该分项工程的消耗量标准基价及消耗量。
4) 进行调整，计算该分项工程换算后的消耗量标准单价。

换算公式为：

换算后的消耗量标准基价＝原消耗量标准基价＋应换算材料的消耗量×
（换入材料单价－换出材料单价）

(2) 配合比换算。当砂浆、垫层的配合比不同又属于消耗量标准中允许换算的情况时，可以进行换算，具体的换算原理及计算方法与前述强度换算的方法基本相同。

(3) 材料种类换算。这类换算主要是将实际所用材料品种代替换算对象消耗量标准子目中所含材料品种，通常是指各种成品安装材料以及混凝土、砂浆等材料的品种换算。

【例 1-5】 某工程采用 C15 现拌混凝土管座，试根据《湖南省市政工程消耗量标准》（2020 年），确定消耗量标准基价。

已知，混凝土管座的消耗量标准编号为 D5-10（表 1-38），计量单位为 10m³，消耗量标准基价为 6 459.57 元/10m³，消耗量标准项目表中混凝土种类为商品混凝土（砾石）C15，消耗量为 10.15m³，单价为 525.72 元/m³；现拌混凝土（砾石）C15 单价为 472.71 元/m³；《湖南省房屋建筑与装饰工程消耗量标准》（2020 年）中"混凝土现场搅拌费"消耗量标准编号为 A5-134，计量单位为 10m³，消耗量标准基价为 627.15 元/10m³。

表 1-38 管道基础

工作内容：1. 清底、挂线、调制砂浆、选砌砖石、抹平；
2. 清底、混凝土浇捣、养生、材料运输、清理场地等。

计量单位：10m³

编号	D5-10	D5-11
项目	混凝土管座	满包混凝土加固
基价/元	6 459.57	6 240.89

(续)

	编号			D5-10	D5-11
其中	人工费			995.00	780.00
	材料费			5 451.57	5 447.91
	机械费			13	12.98
	名称	单位	单价	数量	
材料	商品混凝土（砾石）C15	m³	525.72	10.15	10.15
	水	t	4.39	7.960	7.140
	其他材料费	元	1.00	80.565	80.511
机械	混凝土振动器平板式	台班	11.22	0.58	—
	混凝土振动器插入式	台班	11.19	0.58	1.16

另根据消耗量标准中相关规定：本标准中的水泥混凝土均按运至施工现场的普通商品混凝土编制（各章节另有说明的除外）。如实际采取建站生产的水泥混凝土，自行协商确定；如采用现场生产的，套用《湖南省房屋建筑与装饰工程消耗量标准》（2020 年）"混凝土现场搅拌费"子目执行。采用现场搅拌时，执行相应的现浇混凝土项目，再执行"混凝土现场搅拌费"项目，其中混凝土材料替换为现场搅拌混凝土。

解： 根据换算的原理，混凝土种类的变化，其消耗量不变，只需将材料种类和单价进行调整，另根据消耗量标准中规定加套现场搅拌费子目即可。

换算后消耗量标准基价 = 6 459.57+10.15×(472.71−525.72)+627.15 = 6 548.67（元/10m³）

（4）材料用量换算。当设计图纸的分项项目或结构构件的主材由于施工方法、材料断面、规格、厚度等与消耗量标准规定不同而引起的用量调整，同时数量不同引起相应基价的换算。需要在换算中结合实际情况，分清变量与不变量，进行相应调整即可得到换算后的基价及工料机用量。

【例 1-6】 某道路工程，基层采用多合料基层，厚 22cm，基层面积 100m²。根据《湖南省市政工程消耗量标准》（2020 年），消耗量标准项目"多合料基层厚 20cm"消耗量标准基价 6 303.36 元/100m² 及消耗量标准项目"多合料基层每增减 1cm"单价增减 312.56 元/100m²，见表 1-39。请确定厚 22cm，基层面积 100m² 的多合料基层消耗量标准基价。

表 1-39　多合料基层

工作内容：放线、配料、洒水、消解石灰、拌合、摊铺、整形、碾压、场内运输。　计量单位：100m²

	编号	D2-52	D2-53
	项目	厚度 20cm	每增减 1cm
	基价/元	6 303.36	312.56
其中	人工费	970.00	48.75
	材料费	5 032.39	251.62
	机械费	300.97	12.19

项目 1　市政工程计量与计价基本知识

(续)

编号			D2-52	D2-53
名称	单位	单价	数量	
材料	石灰、黏土、煤渣、河砾石 1:0.5:2:2	m³	243.04	20.400	1.020
	其他材料费	元	1.00	74.37	3.719
机械	轮胎式装载机 2m³	台班	1 170.84	0.179	0.127
	平地机 120kW	台班	1 448.45	0.013	—
	钢轮振动压路机 12t	台班	1 344.46	0.027	—
	钢轮振动压路机 15t	台班	1 648.11	0.022	0.001

解：该工程多合料基层厚度为 22cm，消耗量标准中按 20cm 编制，需要对消耗量标准项目进行换算。原消耗量标准基价为 6 303.36 元/100m²。

调整后单价 = 6 303.36 + (22−20) × 312.56 = 6 928.48 （元/100m²）

（5）乘系数换算。当实际施工条件与消耗量标准编制时设定的情况不一致时，会发生施工难易程度的区别或者施工效率的降低，此时消耗量标准的消耗量就不能准确反映实际发生的人材机消耗。针对这类情况，消耗量标准说明中允许按要求对相应消耗量标准子目中部分或全部消耗量乘以给定系数进行换算。换算系数分消耗量标准系数和工程量系数。消耗量标准系数是指人工、材料、机械等乘的数；工程量系数是用在计算工程量上。

【例 1-7】 某基础的土方工程采用履带式单斗挖掘机挖土，土壤类别为普通土，根据《湖南省房屋建筑与装饰工程消耗量标准》（2020 年）工程量计算规则计算的机械挖土的工程量为 2 000m³。已知根据《湖南省房屋建筑与装饰工程消耗量标准》（2020 年）及其说明的规定，机械挖土方项目将机械挖土及人工清理和修整分为两项，均以挖土总量乘以相应的系数分别套消耗量标准。独立基础、条基、管沟土方工程量在 300m³ 以内的，按人工挖槽坑土方子目执行；工程量在 300m³ 以上的，70% 工程量按挖掘机挖槽坑土方子目 D1-4 执行，30% 工程量按人工挖槽坑土方子目 D1-34 执行。请确定消耗量标准项目。

解：该基础土方项目中，机械挖土方执行挖掘机挖槽坑土方消耗量标准子目 D1-34，工程量为 2 000 × 0.7 = 1 400 （m³）

人工清理修整套用执行人工挖槽坑土方消耗量标准子目 D1-4，工程量为 2 000 × 0.3 = 600 （m³）

（6）补充消耗量标准。当分项工程项目或结构构件的设计要求与消耗量标准适用范围和规定内容完全不符合或者由于设计采用新结构、新材料、新工艺、新方法，在消耗量标准中没有这类项目，属于消耗量标准缺项时，应另行补充消耗量标准。

补充消耗量标准的编制有两类情况。一类是地区性补充消耗量标准，这类消耗量标准项目全国或省（市）统一消耗量标准中没有包括，但此类项目本地区经常遇到，可由当地（市）造价管理机构按消耗量标准编制原则、方法和统一口径与水平编制地区性补充消耗量标准，报上级造价管理机构批准颁布；另一类是一次性使用的临时消耗量标准，此类消耗量标准项目可由预（结）算编制单位根据设计要求，按照消耗量标准编制原则并结合工程实际情况，编制一次性补充消耗量标准，在预（结）算审核中审定。

补充的方法一般有两种：

1）消耗量标准代换法，即利用性质相似、材料大致相同，施工方法又很接近的消耗量标准项目，将类似项目分解套用或考虑（估算）一定系数调整使用。此种方法一定要在实践中注意观察和测定，合理确定系数，保证消耗量标准的精确性，也为以后新编消耗量标准项目做准备。

2）消耗量标准编制法，材料用量按图纸的构造做法及相应的计算公式计算，并加入规定的损耗率。人工及机械台班使用量，可按劳动定额、机械台班使用定额计算，材料用量按实际确定或经有关技术和定额人员讨论确定，然后乘以人工日工资单价、材料预算价格和机械台班单价，即得到补充消耗量标准基价。

项目 2　市政土石方工程计量与计价

> **知识要点**
> 1. 市政土石方清单工程量计算规则、计算方法。
> 2. 市政土石方组价工程量计算规则。
> 3. 市政土石方消耗量标准的套用和换算。

> **学习目标**
> 1. 掌握市政土石方工程工程量清单编制方法。
> 2. 掌握市政土石方工程组价工程量计算方法。
> 3. 掌握市政土石方工程清单综合单价的计算方法。
> 4. 掌握市政土石方工程清单计价文件的编制方法。

> **素养目标**
> 1. 培养精益求精、精准计量的工匠精神。
> 2. 培养实事求是遵循实际的职业素养。
> 3. 培养结合目前所学联系学过的施工、招投标等课程的联系观。

任务 1　土石方工程清单工程量的计算

2.1.1　土石方工程清单工程量范围

根据《市政工程量计算规范》（GB 50857—2013），土石方工程包括土方工程、石方工程、回填方及土石方运输以及相关问题及说明。

2.1.2　土石方工程项目列项及计算规则

土石方工程清单包括土方工程、石方工程及回填，其各项目列项及计算规则见表 2-1~表 2~6。

表 2-1 土方工程（编号：040101）

项目编码	项目名称	项目特征	计量单位	工程量计算规则	工作内容
040101001	挖一般土方	1. 土壤类别 2. 挖土深度	m^3	按设计图示尺寸以体积计算	1. 排地表水 2. 土方开挖 3. 围护（挡土板）及拆除 4. 基底钎探 5. 场内运输
040101002	挖沟槽土方			按设计图示尺寸以基础垫层底面积乘以挖土深度计算	
040101003	挖基坑土方				
040101004	暗挖土方	1. 土壤类别 2. 平洞、斜洞（坡度） 3. 运距		按设计图示断面乘以长度以体积计算	1. 排地表水 2. 土方开挖 3. 场内运输
040101005	挖淤泥、流砂	1. 挖掘深度 2. 运距		按设计图示位置、界限以体积计算	1. 开挖 2. 运输

注：1. 沟槽、基坑、一般土方的划分为：底宽≤7m 且底长>3 倍底宽为沟槽；底长≤3 倍底宽且底面积≤150m² 为基坑；超出上述范围则为一般土方。
2. 土壤的分类应按表 2-2 确定。
3. 如土壤类别不能准确划分时，招标人可注明为综合，由投标人根据地勘报告决定报价。
4. 土方体积应按挖掘前的天然密实体积计算。
5. 挖沟槽、基坑土方中的挖土深度，一般指原地面标高至槽、坑底的平均高度。
6. 挖沟槽、基坑、一般土方因工作面和放坡增加的工程量，是否并入各土方工程量中，按各省、自治区、直辖市或行业建设主管部门的规定实施。如并入各土方工程量中，编制工程量清单时，可按表 2-3、表 2-4 规定计算；办理工程结算时，按经发包人认可的施工组织设计规定计算。
7. 挖沟槽、基坑、一般土方和暗挖土方清单项目的工作内容中包括了土方场内平衡所需的运输费用，如需土方外运时，按 040103002 "余方弃置" 项目编码列项。
8. 挖方出现流砂、淤泥时，如设计未明确，在编制工程量清单时，其工程数量可为暂估值。结算时，应根据实际情况由发包人与承包人双方现场签证确认工程量。
9. 挖方出现淤泥、流砂的运距可以不描述，但应注明由投标人根据施工现场实际情况自行考虑决定报价。

表 2-2 土壤分类表

土壤分类	土壤名称	开挖方法
一、二类土	粉土、砂土（粉砂、细砂、中砂、粗砂、砾砂）、粉质黏土、弱中盐渍土、软土（淤泥质土、泥炭、泥炭质土）、软塑红黏土、冲填土	用锹、少许用镐、条锄开挖。机械能全部直接铲挖满载者
三类土	黏土、碎石土（圆砾、角砾）混合土、可塑红黏土、硬塑红黏土、强盐渍土、素填土、压实填土	主要用镐、条锄、少许用锹开挖。机械需部分刨松方能铲挖满载者或可直接铲挖但不能满载者
四类土	碎石土（卵石、碎石、漂石、块石）、坚硬红黏土、超盐渍土、杂填土	全部用镐、条锄挖掘、少许用撬棍挖掘。机械须普遍刨松方能铲挖满载者

注：本表土的名称及其含义按国家标准《岩土工程勘察规范》（2009 年版）（GB 50021—2001）定义。

项目 2　市政土石方工程计量与计价

表 2-3　放坡系数表

土壤类别	放坡起点/m	人工挖土	机械挖土		
			在沟槽、坑内作业	在沟槽侧、坑边上作业	顺沟槽按方向坑边上作业
一、二类土	1.20	1：0.50	1：0.33	1：0.75	1：0.50
三类土	1.50	1：0.33	1：0.25	1：0.67	1：0.33
四类土	2.00	1：0.25	1：0.10	1：0.33	1：0.25

注：1. 沟槽、基坑中土类别不同时，分别按其放坡起点、放坡系数，依不同土壤类别厚度加权平均计算。
   2. 计算放坡时，在交接处的重复工程量不予扣除，原槽、坑做基础垫层时，放坡自垫层上表面开始计算。
   3. 本表按《全国统一市政工程预算定额》（GYD-301—1999）整理，并增加机械挖土顺沟槽按方向坑边上作业的放坡系数。

表 2-4　管沟施工每侧所需工作面宽度计算表　（单位：mm）

管道结构宽	混凝土管道基础 90°	混凝土管道基础>90°	金属管道	构筑物	
				无防潮层	有防潮层
500 以内	400	400	300	400	600
1000 以内	500	500	400		
2500 以内	600	500	400		
2500 以上	700	600	500		

注：1. 管道结构宽：有管座按管道基础外缘计算，无管座按管道外径计算；构筑物按基础外缘计算。
   2. 本表按《全国统一市政工程预算定额》（GYD-301—1999）整理，并增加管道结构宽 2500mm 以上的工作面宽度值。

表 2-5　石方工程（编号：040102）

项目编码	项目名称	项目特征	计量单位	工程量计算规则	工作内容
040102001	挖一般石方	1. 岩石类别 2. 开凿深度	m³	按设计图示尺寸以体积计算	1. 排地表水 2. 石方开凿 3. 修整底、边 4. 场内运输
040102002	挖沟槽石方			按设计图示尺寸以基础垫层底面积乘以挖石深度计算	
040102003	挖基坑石方				

注：1. 沟槽、基坑、一般石方的划分为：底宽≤7m 且底长>3 倍底宽为沟槽，底长≤3 倍底宽且底面积≤150m² 为基坑；超出上述范围则为一般土方。
   2. 岩石的分类应按表 2-6 确定。
   3. 石方体积应按挖掘前的天然密实体积计算。
   4. 挖沟槽、基坑、一般土方因工作面和放坡增加的工程量，是否并入各土方工程量中，按各省、自治区、直辖市或行业建设主管部门的规定实施。如并入各石方工程量中，编制工程量清单时，其所需增加的工程数量可为暂估值，且在清单项目中予以注明；办理工程结算时，应经发包人认可的施工组织设计规定计算。
   5. 挖沟槽、基坑、一般石方清单项目的工作内容中仅包括了石方场内平衡所需的运输费用，如需石方外运时，按 040103002 "余方弃置"项目编码列项。
   6. 石方爆破按现行国家标准《爆破工程工程量计算规范》（GB 50862—2013）相关项编码列项。

土石方工程清单工程量的计算

表 2-6 岩石分类表

岩石分类		代表性岩石	开挖方法
极软岩		1. 全风化的各种岩石 2. 各种半成岩	部分用手凿工具、部分用爆破法开挖
软质岩	软岩	1. 强风化的坚硬岩或较硬岩 2. 中等风化—强风化的较软岩 3. 未风化—微风化的页岩、泥岩、泥质砂岩等	用风镐和爆破法开挖
	较软岩	1. 中等风化—强风化的坚硬岩或较硬岩 2. 未风化—微风化的凝灰岩、千枚岩、泥灰岩、砂质泥岩等	用爆破法开挖
硬质岩	较硬岩	1. 微风化的坚硬岩 2. 未风化—微风化的大理岩、板岩、石灰岩、白云岩、钙质砂岩等	用爆破法开挖
	坚硬岩	未风化—微风化的花岗岩、闪长岩、辉绿岩、玄武岩、安山岩、片麻岩、石英岩、石英砂岩、硅质砾岩、硅质石灰岩等	用爆破法开挖

注：本表依据国家标准《工程岩体分级标准》（GB/T 50218—2014 和《岩土工程勘察规范》（2009 年版）（GB 50021—2001）整理。

2.1.3 回填方及土石方运输

回填方及土石方运输工程量清单项目设置、项目特征描述的内容、计量单位及工程量计算规则，应按表 2-7 的规定执行。

表 2-7 回填方及土石方（编号：040103）

项目编码	项目名称	项目特征	计量单位	工程量计算规则	工作内容
040103001	回填方	1. 密实度要求 2. 填方材料品种 3. 填方粒径要求 4. 填方来源、运距	m^3	1. 按挖方清单项目工程量加原地面线至设计要求标高间的体积，减基础、构筑物等埋入体积计算 2. 设计图示尺寸以体积计算	1. 运输 2. 回填 3. 夯实
040103002	余方弃置	1. 废弃料品种 2. 运距		按挖方清单项目工程量减利用回填方体积（正数）计算	余方点装料运输至弃置点

注：1. 填方材料品种为土时，可以不描述。
2. 填方粒径，在无特殊要求情况下，项目特征可以不描述。
3. 对于沟、槽坑等开挖后再进行回填土的清单项目，其工程量计算规则按第 1 条确定；场地填方等按第 2 条确定。其中，当原地面线高于设计要求标高时，则其体积为负值。
4. 回填方总工程量中若包括场内平衡运距和缺方内运两部分时，应分别编码列项。
5. 余方弃置和回填方的运距可以不描述，但应注明由投标人根据施工现场实际情况自行考虑决定报价。
6. 回填方如需缺方内运，且填方材料品种为土方时，是否在综合单价中计入购买土方的费用，由投标人根据工程实际情况自行考虑决定报价。

【例 2-1】 某排水工程 Y1-Y2 之间雨水管道 D600 沟槽开挖，土壤类别为普通土，开挖长度为 80m，平均挖土深度为 1.5m，开挖方式为槽底以上 30cm 人工辅助开挖，其余为机械开挖。土方回填要求原土回填，余方外运运距为 1km。管道结构图如图 2-1 所示，试列出该工程土方的分部分项工程量清单。

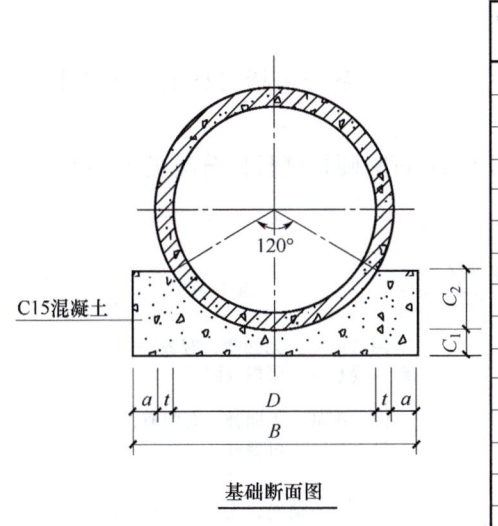

管内径 D	管壁厚 t	管基尺寸				基础混凝土量 /(m³/m)
		a	B	C_1	C_2	
600	55	100	910	100	178	0.175
700	60	100	1 020	100	205	0.208
800	70	105	1 150	105	235	0.255
900	75	113	1 276	113	263	0.309
1 000	85	128	1 426	128	293	0.389
1 100	95	143	1 576	143	323	0.478
1 200	100	150	1 700	150	350	0.549
1 350	115	173	1 926	173	395	0.709
1 500	125	188	2 126	188	438	0.859
1 650	140	210	2 350	210	483	1.055
1 800	150	225	2 550	225	525	1.235
2 000	170	255	2 850	255	585	1.553
2 200	185	278	3 126	278	643	1.862
2 400	200	300	3 400	300	700	2.196
2 600	220	330	3 700	330	760	2.614
2 800	235	353	3 976	353	818	3.011
3 000	250	375	4 250	375	875	3.432

图 2-1 管道结构图

解： 根据题干可知，开挖土方长度为 20m，宽度为 0.91m，满足底宽≤7m 且底长>3 倍底宽，故为挖沟槽土方。

沟槽开挖土方工程量：$V_{(沟槽)} = 0.91 \times 1.5 \times 80 = 109.2$（m³）

沟槽回填土方工程量：$V_{(回填)} = V_{(沟槽)} - V_{(构筑物)}$

$$= 109.2 - \left[0.175 + \pi\left(\frac{0.6}{2} + 0.055\right)^2\right] \times 80$$

$$= 63.542 \text{（m}^3\text{）}$$

余方外运土方工程量：$V_{(余方)} = 109.2 - 63.542 \times 1.15 = 36.127$（m³）

该工程的分部分项工程量清单表见表 2-8。

表 2-8 分部分项工程量清单表

序号	清单编码	项目名称	项目特征描述	单位	工程量
1	040101002001	挖沟槽土方	1. 土壤类别：普通土 2. 挖土深度：2m 3. 槽底 30cm 范围为人工辅助开挖，其余为机械开挖	m³	109.2
2	040103001001	回填方	填土回填	m³	63.542
3	040103002001	余方外运	运距：1km	m³	36.127

任务2　土石方工程消耗量标准工程量的计算

2.2.1　土石方工程消耗量标准说明

(1) 土壤及岩石分类

1) 土壤按普通土、坚土分类，普通土包括一、二类土，坚土包括三类土、四类土，其具体分类见表2-2。

2) 岩石按岩石坚硬程度结合风化程度分类执行。岩石坚硬程度具体分类见表2-9。

表2-9　岩石坚硬程度分类表（岩块试件）

岩石分类		代表性岩石	岩石饱和单轴抗压强度 R_c/MPa	定性鉴定
软质岩	极软岩	各种半成岩	$R_c \leq 5$	锤击声哑，无回弹，有较深凹痕、手可捏碎；浸水后，可捏成团
	软岩	泥岩、泥质页岩、绿泥石片岩、绢云母片岩等	$5 < R_c \leq 15$	锤击声哑，无回弹，有凹痕、易击碎；浸水后，手可掰开
	较软岩	凝灰岩、千枚岩、砂质泥岩、泥灰岩、泥质砂岩、粉砂岩、砂质页岩等	$15 < R_c \leq 30$	锤击声不清脆，无回弹，较易击碎；浸水后，指甲可刻出印痕
硬质岩	较硬岩	熔结凝灰岩、大理岩、板岩、白云岩、石灰岩、钙质砂岩、粗晶大理岩等	$30 < R_c \leq 60$	锤击声较清脆，有轻微回弹，稍震手，较难击碎；浸水后，有轻微吸水反应
	坚硬岩	花岗岩、正长岩、闪长岩、辉绿岩、玄武岩、安山岩、片麻岩、硅质板岩、石英岩、硅质胶结的砾岩、石英砂岩、硅质石灰岩等	$R_c > 60$	锤击声清脆，有回弹，震手，难击碎；浸水后，大多无吸水反应

注：本表依据国家标准《工程岩体分级标准》(GB/T 50218—2014) 和《岩土工程勘察规》（2009年版）(GB 50021—2001) 定义。

(2) 在横撑间距小于或等于3m的支撑下挖土的，按实挖体积人工乘以系数1.43，机械乘以系数1.20，在横撑间距大于3m的支撑下挖土的，不作调整。先开挖后支撑的不属支撑下挖土。

(3) 机械挖土发生转堆的，转堆次数按批准的施工方案执行，未明确方案的，挖土深度超过4.0m时，每超过4.0m计算一次转堆，工程量为超过部分的土方，其中转堆土方按挖普通土子目乘以系数0.8计算，转堆石方按挖石渣计算。套用大型支撑基坑土方不再另计算转堆费用。

(4) 石方爆破按炮眼法松动爆破和无地下渗水积水考虑，防水和覆盖材料未在内。采用火雷管可以换算，雷管数量不变，扣除胶质导线用量，增加导火索用量，导火索长度按每个雷管2.12m计算。抛掷和定向爆破另行处理。打眼爆破若要达到石料粒径要求，则增加的费用另计。

(5) 土石方工程内容均按正常施工条件编制。如果有关机关批准每天允许通行时间小于8h，人工、机械按相应子目乘以1.25系数。

2.2.2　土石方工程消耗量标准工程量计算规则

（1）本项目土、石方体积均以天然密实体积（自然方）计算，回填土、石方按碾压后的体积（实方）计算，并扣除埋入结构物体积（其中土方压实后体积：天然密实体积＝1∶1.15），平整场地按设计图示尺寸以面积计算，原土夯实与碾压按设计图示尺寸以面积计算。

（2）土方工程量按图纸尺寸计算，修建机械上下坡的便道土方量并入土方工程量内。石方工程量按设计图示尺寸加允许超挖量。开挖坡面每侧允许超挖量：软岩、较软岩 20cm，较硬岩、坚硬岩 15cm；沟、坑底部不计超挖量。

（3）人工挖土堤台阶工程量，按挖前的斜面积计算，运土应另行计算。

（4）管道接口作业坑和沿线各种井室所需增加开挖的土石方工程量按沟槽土方量的 2.5% 计算，管沟回填应扣除管径在 200mm 以上的管道、基础、垫层和各种构筑物所占的体积。

（5）因放坡和坑、槽底部工作面预留宽度增加的开挖工程量并入挖方工程量计算。土方放坡方式、放坡系数和工作面预留宽度按设计或经批准的施工方案计算，设计或经批准的施工方案未明确的按表 2-10 和表 2-11 计算。

表 2-10　土方放坡系数表

土壤类别	放坡起点深度/m	机械开挖			人工开挖
		在沟槽、基坑内作业	在沟槽侧、坑边上作业	顺沟槽方向坑上作业	
普通土	1.20	1∶0.33	1∶0.75	1∶0.50	1∶0.50
坚土	1.50	1∶0.25	1∶0.67	1∶0.33	1∶0.33

注：1. 挖土交接处产生的重复工程量不扣除。如在同一断面内遇有数类土壤，其放坡系数可按各类土占全部深度的百分比加权计算。
    2. 沟槽、基坑有做基础整层的，放坡自垫层底标高开始计算。
    3. 开挖土方支挡土板的，不计算土方放坡。

表 2-11　槽、坑底部每侧工作面宽度　　　　　　　　（单位：mm）

管道结构宽	混凝土管道基础 90°	混凝土管道基础＞90°	其他管道	构筑物	
				无防潮层	有防潮层
500 以内	400	400	300	300	600
1 000 以内	500	500	400		
2 500 以内	600	500	400		
2 500 以上	700	600	500		

注：管道结构宽，有管座按管道基础外缘计算；无管座按管道外径计算；构筑物按基础外缘计算。设有挡土板的，每侧相应增加 10cm 计算。

（6）土石方运距应以挖土重心至填土重心或弃土重心最近距离计算，挖土重心、填土重心、弃土重心按施工组织设计计算。如人力及人力车运土、石方上坡坡度在 15% 以上，推土机、铲运机重车上坡坡度大于 5%，斜道运距按斜道长度乘以系数（表 2-12）计算。

表 2-12　斜道长度系数

项目	推土机、铲运机			人力及人力车
坡度（%）	5~10	15 以内	20 以内	25 以内	15 以上
系数	1.75	2	2.25	2.5	5

2.2.3　土石方工程消耗量标准工程量计算方法

1. 计算方法

（1）沟槽、基坑、平整场地和一般土石方的划分：

1) 底宽 7m 以内，底长大于底宽 3 倍以上按沟槽计算。
2) 底长小于底宽 3 倍以内且底面积在 150m² 以内执行基坑。
3) 厚度在 30cm 以内就地挖、填土按平整场地计算。
4) 超过上述范围的土石方按挖土方和石方计算。

管沟回填应扣除管径在 200mm 以上的管道、基础、垫层和各种构筑物所占体积。

（3）土壤及岩石分类按国家标准《岩土工程勘察规范》（2009 年版）（GB 50021—2001）定义划分。计算公式：

$$管道土方开挖：V = (B + 2c + kH) \times H \times L$$

式中　V——基槽土方体积（单位 m³）；
　　　B——结构底宽度（单位 m）；
　　　c——工作面（单位 m）；
　　　k——放坡系数；
　　　H——挖土深度（单位 m）；
　　　L——沟槽长度（单位 m）。

$$管道设挡土板开挖：V = (B + 2 \times 0.1 + kH) \times H \times L$$

$$管道及井室开挖：V = (B + 2c + kH) \times H \times L \times (1 + 2.5\%)$$

结构底宽 B 的确定。根据管道基础结构图、结合施工方法按以下规则确定管道结构宽：

1) 管道无管座时，管道结构宽按管道外径计算。
2) 管道有管座时，管道结构宽按管道基础外缘计算。
3) 构筑物结构宽按基础外缘计算。

土石方的分类

2. 一般挖土方的计算

道路工程中的一般挖土方主要使用到的是截面法和方格网法。

广场及大面积挖填方一般采用方格网法计算，根据地形情况及精度要求，划分为边长为 10m、20m、40m 或 50m 的方格。方格边长越小精确性就越高，方格边长越大精确性就越低。计算过程如下：

（1）划分方格后根据设计图计算出各方格角点的设计标高并根据实际测量得到各方格角点实际高程。施工标高＝设计标高－原地面标高，施工标高为"＋"则为填方，施工标高为"－"则为挖方。所得结果如图 2-2 所示。

土石方工程量的计算（方格网法）

施工标高 +1.00	设计标高 36.00
9 角点编号	35.00 原地面标高

图 2-2　划分方格

（2）求零点。求出施工标高后，如果在同一方格中既有填土又有挖土部分，就必须求出零点线。零点线是指将既不挖土也不填土的点，即零点互相连接起来的线。零点线是挖方和填方的分界线。求零点示意图如图 2-3 所示，边长为 20m。

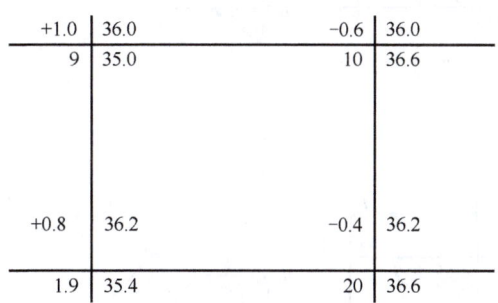

图 2-3　求零点示意图

方格网各边零点计算示意图如图 2-4 所示，计算公式为：

$$x = \frac{h_1}{h_1 + h_2} \times a$$

式中　x——角点至零点的距离（m）；

　　　h_1、h_2——相邻两角点施工高度（m）的绝对值；

　　　a——方格网的边长（m）。

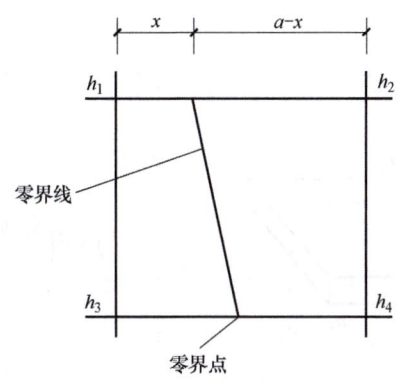
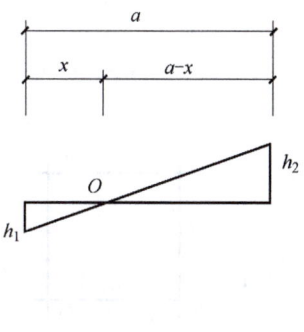

图 2-4　方格网各边零点计算示意图

(3) 计算挖、填方。

不同情况下计算挖填方图式与计算公式见表 2-13。

表 2-13　挖填方图式与计算公式

项目	图式	计算公式
一点挖或填方		$V = \dfrac{1}{2}bc\dfrac{h_3}{3}$
两点挖方或填方		$V = \dfrac{b+c}{2}a\dfrac{h_1+h_3}{4}$ $V = \dfrac{d+e}{2}a\dfrac{h_2+h_4}{4}$
三点挖方或填方（与第一种相反）		$V = \left(a^2 - \dfrac{bc}{2}\right)\dfrac{h_1+h_2+h_4}{5}$
四点挖方或填方		$V = a^2\left(\dfrac{h_1+h_2+h_3+h_4}{4}\right)$

注：h_1、h_2、h_3、h_4 为四个方格网角点施工高度（m）的绝对值；a 为方格网的边长。

一般道路土方量按照设计横断面图计算,即截面法,计算公式:

$$V = \frac{1}{2}(F_1 + F_2) \times L$$

式中:V——土方量(m^3);
F_1、F_2——相邻两个横断面的面积(m^2);
L——相邻两个横断面的距离(m)。

【例2-2】 请完成【例2-1】工程土方组价工程量计算并进行列项。

解:根据开挖底长>三倍底宽,且底宽<7m,土方开挖类别为沟槽开挖。

土石方工程量的计算(沟槽)

根据已知条件土壤类别为普通土,基础为C15混凝土,查表2-10和表2-11得到:$c=0.5m$,$k=0.5$。

沟槽开挖土方工程量:$V_{(沟槽)} = (B+2c+kH) \times H \times L$
$= (0.91+2 \times 0.5+0.5 \times 1.5) \times 1.5 \times 80$
$= 319.2(m^3)$

$V_{(人工)} = (B+2c+kH) \times H \times L = (0.91+2 \times 0.5+0.5 \times 0.3) \times 0.3 \times 80 = 49.44(m^3)$

$V_{(机械)} = V_{(沟槽)} - V_{(人工)} = 319.2 - 49.44 = 269.76(m^3)$

$V_{(回填)} = V_{(沟槽)} - V_{(构筑物)} = 319.2 - [0.175 + \pi(0.6/2+0.055)^2] \times 80 = 273.54(m^3)$

$V_{(余方)} = 319.2 - 273.54 \times 1.15 = 4.63(m^3)$

$V_{(机械挖土不装车)} = 269.76 - 4.63 = 265.13(m^3)$

该工程分部分项工程量清单表见表2-14。

表2-14 组价工程量列项

序号	消耗量标准编号	项目名称	单位	工程量
1	D1-4	人工挖沟槽、基坑土方普通土深度2m以内	100m³	0.494
2	D1-40	挖掘机挖沟槽土方不装车普通土	1 000m³	0.265
3	D1-37	挖掘机挖沟槽土方装车普通土	1 000m³	0.005
4	D1-65	填土碾压	1 000m³	0.273
5	D1-59	自卸汽车运土方	1 000m³	0.005

任务3 土石方工程清单综合单价的计算

(1)关于垂直运输土方、淤泥、石碴的规定:

1)采用人力垂直运输的,深度超过2m应计算垂直运输费,超深部分按每米折合水平运距7m套用相应人工运土、淤泥、石碴每增20m子目计算,深度按全高计算。

2)采用电动葫芦、卷扬机等小型机械垂直运输的,深度超过2m应计算垂直运输费,超深部分按每米折合水平运距7m套用相应人工运土、淤泥、石碴每增20m子目乘以系数

0.8 计算，深度按全高计算。

3）以上规定的工作内容均包括装、运，以及堆弃至槽坑边 5m 范围内。

（2）保护管线下开挖及探挖土方按人工挖沟槽相应子目执行，人工乘以系数 1.43。工程量按管线沿四边各加 1m 范围计算（不足 1m 时按实际宽度计算），保护措施费另计。

（3）在横撑间距小于或等于 3m 的支撑下挖土的，按实挖体积人工乘以系数 1.43，机械乘以系数 1.20，在横撑间距大于 3m 的支撑下挖土的，不作调整。先开挖后支撑的不属支撑下挖土。大型支撑基坑土方不适用本条说明。

（4）有施工方案或现场依据需使用长臂挖掘机的，套用长臂挖掘机挖土子目。

（5）采用钩机勾松石方的按《湖南省房屋建筑与装饰工程消耗量标准》（2020 年）相应子目执行。

（6）机械挖土发生转堆的，转堆次数按批准的施工方案执行，未明确方案的，挖土深度超过 4.0m 时，每超过 4.0m 计算一次转堆，工程量为超过部分的土方，其中转堆土方按挖普通土子目乘以系数 0.8 计算，转堆石方按挖石碴计算。套用大型支撑基坑土方不再另计算转堆费用。

（7）石方爆破按炮眼法松动爆破和无地下渗水积水考虑，防水和覆盖材料未在内。采用火雷管可以换算，雷管数量不变，扣除胶质导线用量，增加导火索用量，导火索长度按每个雷管 2.12m 计算。抛掷和定向爆破另行处理。打眼爆破若要达到石料粒径要求，则增加的费用另计。

（8）膨胀剂爆破子目按无地下渗水考虑，排水防水费用另计。

（9）膨胀剂爆破沟槽、基坑石方执行膨胀剂爆破一般石方相应子目，人工、机械乘系数 1.3。

（10）小型机动翻斗车运距超过 3km 的，按市场价格处理。

（11）大型支撑基坑土方开挖子目适用于钻孔灌注桩、咬合桩、地下连续墙、水泥搅拌桩、混凝土板桩、钢板桩等围护的跨度大于 8m 的深基坑开挖。本子目已综合考虑土方垂直运输的各种方法，不因施工组织方法不同而调整。子目中已包括湿土排水，若需采用井点降水，其费用另行计算。

（12）土石方工程清单综合单价均按正常施工条件编制。如果有关机关批准每天允许通行时间小于 8h，人工、机械按相应子目乘以 1.25 系数。

（13）渣土运输按普通渣土车考虑，有必须采用新型智能环保渣土车运输规定的，其渣土运输单价按各市州相关部门的有关规定执行。

（14）这里的土石方工程内容不包括现场障碍物清理，障碍物清理费另行计算。卸土场的弃土、石方的场地占用费和平整费另行计算。

下面结合《湖南省建设工程计价办法》（2020 年）进行土石方部分综合单价计算的案例讲解。

【例 2-3】 请结合【例 2-1】、【例 2-2】确定挖沟槽土石方的综合单价。管理费费率及利润率参照计价文件中费率见表 2-15 和表 2-16。

项目 2　市政土石方工程计量与计价

表 2-15　市政工程企业管理费和利润费率

专业工程		计费基础	费率标准（%）	
			企业管理费	利润
市政工程	道路、管网、市政排水设施维护、综合管廊、水处理工程	直接费	6.8	6
	桥涵、隧道、生活垃圾处理工程		9.65	
	机械土石方（强夯地基）工程		9.65	
	桩基工程、地基处理、基坑支护工程		9.65	

表 2-16　综合单价分析表（部分）

项目编码	项目名称	项目特征	计量单位	工程量
040101002001	挖沟槽土方	1. 土壤类别：普通土 2. 挖土深度：2m 3. 槽底 30cm 范围为人工辅助开挖，其余为机械开挖	m^3	109.2
D1-4	人工挖沟槽、基坑土方普通土深度 2m 以内		$100m^3$	0.494
D1-40	挖掘机挖沟槽土方不装车普通土		$1\ 000m^3$	0.265
D1-43	挖掘机挖沟槽土方装车普通土		$1\ 000m^3$	0.005

解：根据案例背景，结合消耗量标准说明及综合单价计算方法，沟槽土石方综合单价计算过程如下：

（1）人工挖沟槽计算结果得组价工程量为 49.4m^3，单位数量为 100m^3，查消耗量标准见表 2-17 和表 2-18，填入计算工程量 = 49.4÷100 = 0.494；人工费：4 255.88 元；企业管理费 = 直接费（人、材、机合计）×6.8% = 4 255.88×6.8% = 289.4（元）。

利润 = 直接费（人、材、机合计）×6% = 4 255.88×6% = 255.35（元）

合计 = 人工费 + 材料费 + 机械费 + 企业管理费 + 利润 = 4 255.88 + 289.4 + 255.35 = 4 800.63（元）

分别乘以组价工程量 0.494，可得：

人工费 = 0.494×4 255.88 = 2 102.40（元）

机械费 = 0，材料费 = 0

企业管理费=0.494×289.4=142.96（元）

利润=0.494×255.35=126.14（元）

合计=0.494×4 800.63=2 371.51（元）

(2) 挖掘机挖沟槽不装车，根据计算结果得组价工程量为265.13m³，单位数量为1 000m³，故本子目组价项目填入计算工程量=265.13/1 000=0.265。

根据《关于机械费调整及有关问题的通知》（湘建价市〔2020〕46号）机械需要乘以调整系数0.92，得：

人工费=2 207.5元，材料费=0

机械费=（300.833+135.167+351.433+320+56.5×7.16）×0.134×0.92+（624.409+235.568+497.049+320+63×7.16）×1.892×0.92=3 890.67（元）

企业管理费=直接费（人、材、机合计）×6.8%=（2 207.5+3 890.67）×6.8%=414.68（元）

利润=直接费（人、材、机合计）×6%=（2 207.5+3 890.67）×6%=365.89（元）

合计=人工费+材料费+机械费+企业管理费+利润=6 878.74（元）

分别乘以组价工程量0.265，可得：

人工费=0.265×2 207.5=584.99（元）

机械费=0.265×3 890.67=1 031.03（元）

企业管理费=0.265×414.68=109.89（元）

利润=0.265×365.89=96.96（元）

合计=0.265×6 878.74=1 822.87（元）

(3) 挖掘机挖沟槽装车，根据计算结果得组价工程量为4.629m³，单位数量为1 000m³，故本子目组价项目填入计算工程量=0.005。

根据《关于机械费调整及有关问题的通知》（湘建价市〔2020〕46号）机械需要乘以调整系数0.92，得：

人工费=2 311.88；材料费=0

机械费=（300.833+135.167+351.433+320+56.5×7.16）×0.227×0.92+（624.409+235.568+497.049+320+63×7.16）×2.179×0.92=4 581.94（元）

企业管理费=直接费（人、材、机合计）×6.8%=（2 311.88+4 581.94）×6.8%=468.78（元）

利润=直接费（人、材、机合计）×6%=（2 311.88+4 581.94）×6%=413.63（元）

合计=人工费+材料费+机械费+企业管理费+利润=7 776.23（元）

分别乘以组价工程量0.005，可得：

人工费=0.005×2 311.88=11.56（元）

机械费=0.005×4 581.94=22.91（元）

企业管理费=0.005×468.78=2.34（元）

利润=0.005×413.63=2.07（元）

合计=0.005×7 776.23=38.88（元）

清单综合单价=（2 371.51+1 822.87+38.88）÷109.2=38.77（元/m³）

表 2-17 消耗量标准摘选表

人工挖沟槽、基坑土方

工作内容：挖土、装土或抛土于沟槽、基坑边 1m 外堆放，修整底边、边坡。　　　　　　计量单位：10m³

编号			D1-4	D1-5
项目			普通土	坚土
			深度在 2m 以内	
基价/元			4 255.88	6 393.50
其中	人工费		4 255.88	6 393.50
	材料费		—	—
	机械费		—	—

挖掘机挖沟槽、基坑土方

工作内容：挖土、将土堆放在一边，清理机下余土，人工清理沟底土方，工作面内排水，清理边坡。

计量单位：1 000m³

编号			D1-40	D1-41
项目			普通土	坚土
			机械挖土不装车	
基价/元			6 436.49	7 412.70
其中	人工费		2 207.50	2 506.25
	材料费		—	—
	机械费		4 228.99	4 906.45
	名称	单位	单价	数量
机械	履带式推土机	台班	1 511.97	0.134	0.157
	履带式单斗液压挖掘机 1m³	台班	2 128.11	1.892	2.194

挖掘机挖沟槽、基坑土方

工作内容：挖土、将土装车，清理机下余土，人工清理沟底土方，工作面内排水，清理边坡。　　计量单位：1 000m³

编号			D1-43	D1-44
项目			普通土	坚土
			机械挖土不装车	
基价/元			7 292.25	8 372.55
其中	人工费		2 311.88	2 625.00
	材料费		—	—
	机械费		4 980.37	5 747.55
	名称	单位	单价	数量
机械	履带式推土机	台班	1 511.97	0.227	0.284
	履带式单斗液压挖掘机 1m³	台班	2 128.11	2.179	2.499

表2-18 综合单价分析表

工程名称：道路、管网、市政排水设施维护、综合管廊、水处理工程　　　标段：　　　第 页 共 页

清单编码	项目名称			计量单位	数量	综合单价					合价/元
040101002002	挖沟槽土方			m³	109.2						2 371.51
消耗量标准编号	项目名称	单位	数量	单价/元							合价/元
				合计（直接费）	人工费	材料费	机械费	管理费 6.8%	其他管理费 2%	利润 6%	
D1-4	人工挖沟槽、基坑土方普通土深度在2m以内	100m³	0.494	4 255.88	4 255.88			142.96		126.14	2 371.51
D1-40	挖掘机挖沟槽、基坑土方挖土不装车普通土	1 000m³	0.265	6 098.17	2 207.5		3 890.67	109.89		96.96	1 822.87
D1-43	挖掘机挖沟槽、基坑土方挖土装车普通土	1 000m³	0.005	6 893.82	2 311.88		4 581.94	2.34		2.07	38.88
累计/元				3 752.89	2 698.95		1 053.94	255.19		225.17	4 233.26

注：1. 本表用于编制招投标综合单价时，招标文件提供了暂估单价的材料，应按暂估的单价填入表内"暂估单价"栏及"暂估合价"栏。
2. 本表用于编制工程竣工结算时，材料单价应按双方约定的（结算单价）填写。
3. 其他管理费的计算按《市政工程工程量计算规范》（GB 50857—2013）附录C建筑安装工程费用标准说明第2条规定计取。

任务4　土石方工程清单计价文件的编制实例

长沙市某道路，道路位于××科技产业园片区与主塘河相交，起讫桩号为 K0+300～K0+440。施工平面图和横断面图如图2-5和图2-6所示。余方需外运。填方密实度需达95%。根据图纸，请计算 K0+300～K0+440 土方普通土，并编制长沙市××路道路工程土石方部分工程量清单计价文件（部分）。

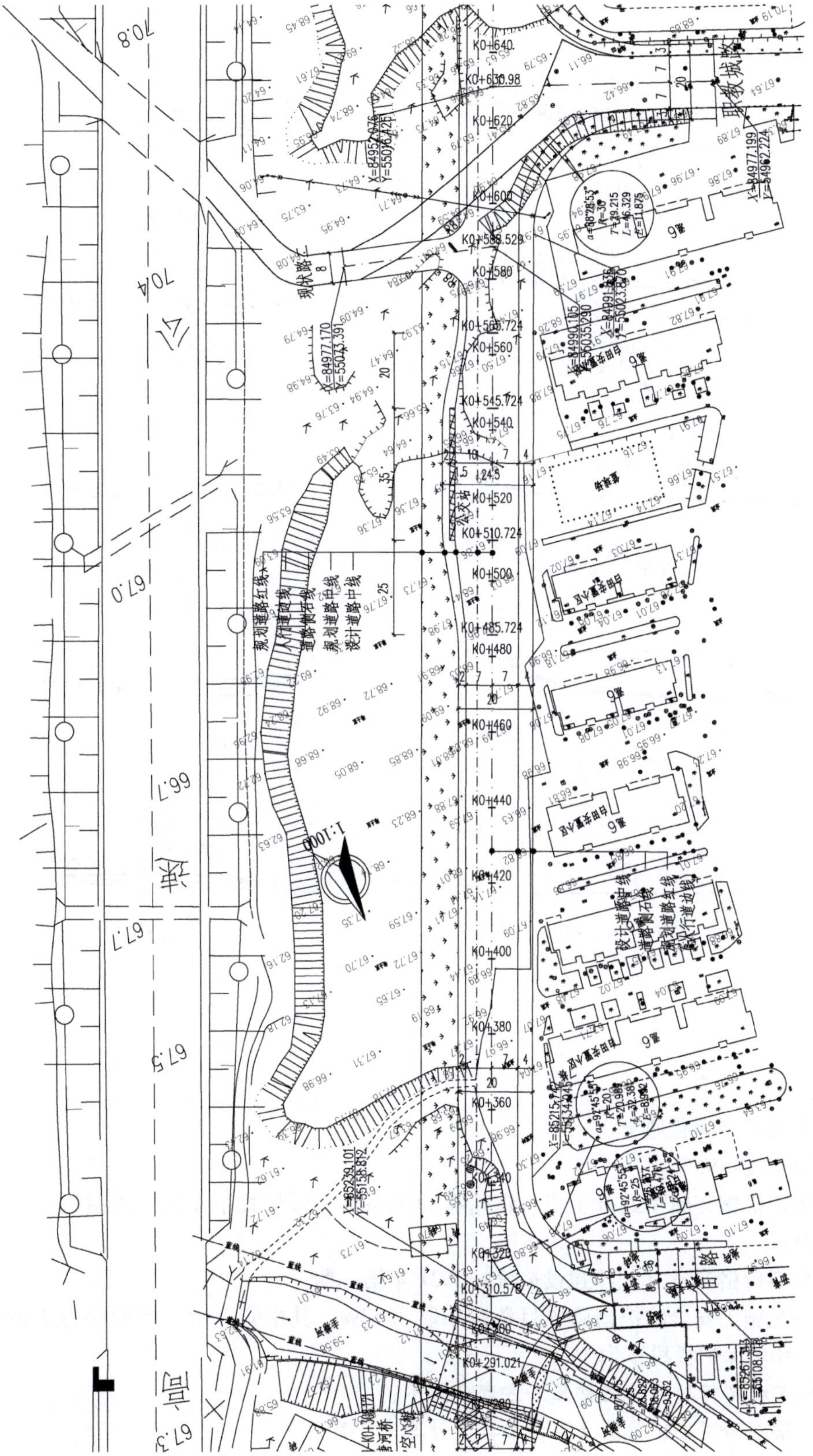
规划道路红线
人行道边线
道路侧石线
规划道路中线
设计道路中线
1:1000
现状路
K0+640
K0+630.98
K0+620
K0+600
K0+588.529
K0+580
K0+565.724
K0+560
K0+545.724
K0+540
K0+520
K0+510.724
K0+500
K0+485.724
K0+480
K0+460
K0+440
K0+420
K0+400
K0+380
K0+360
K0+340
K0+320
K0+310.578
K0+300
K0+291.021
K0+280

图 2-5　道路平面图

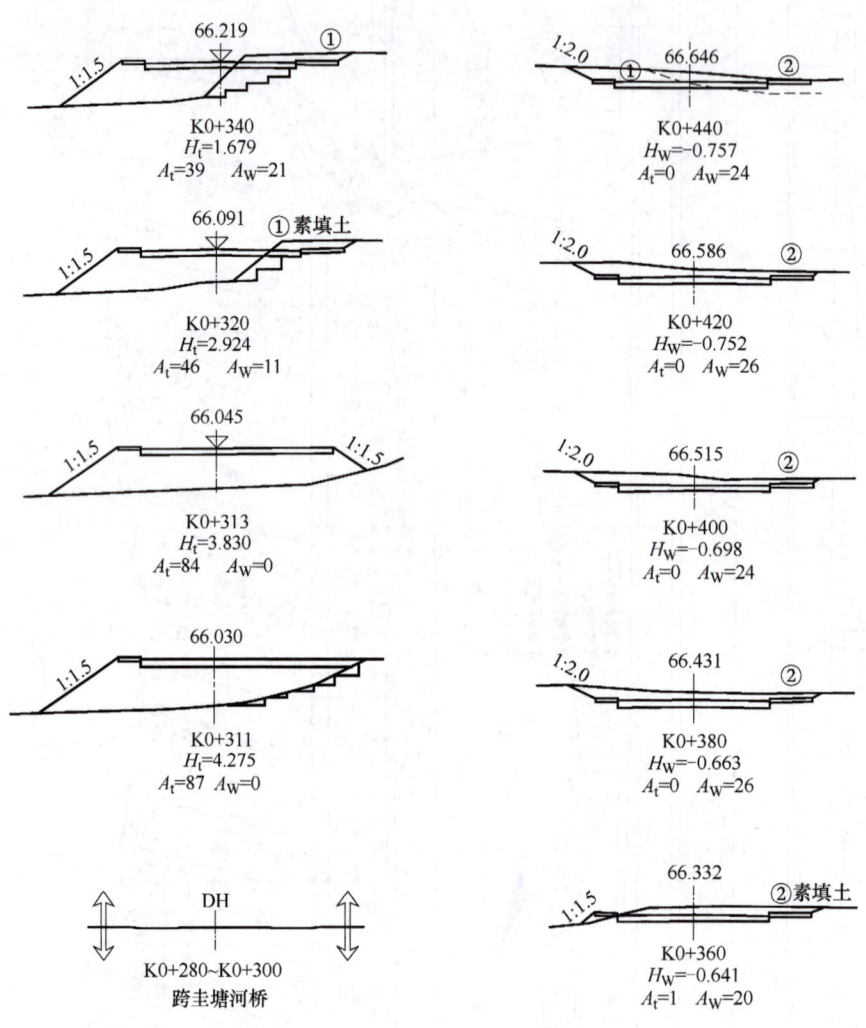

图 2-6 一般横断面图

说明：

(1) 土壤类别为普通土。

(2) 压实度≥95%。

(3) 运用机械有履带式推土机、钢轮振动压路机、履带式单斗液压挖掘机。取土点距施工地点 3km。

(4) 材料价格参考《长沙建设造价》2021 年第一期。

(5) 绿色施工安全防护措施项目费费率取 3.37%，其中安全生产费费率为 2.63%，安全责任险、环境保护税税率为 1%。

解： 该工程招标控制价文件土石方部分如下：

根据道路断面图编制路基土石方工程量计算表 2-19。

项目 2 市政土石方工程计量与计价

表 2-19 路基土石方工程量计算表

桩号	横断面面积/m² 填方	横断面面积/m² 挖方	距离	填方数量/m³	挖方数量/m³
K0+300.000	0	0			
				478.500	0.000
K0+311.000	87	0	11.000		
				171.000	0.000
K0+313.000	84	0	2.000		
				455.000	38.500
K0+320.000	46	11	7.000		
				850.000	320.000
K0+340.000	39	21	20.000		
				400.000	410.000
K0+360.000	1	20	20.000		
				10.000	460.000
K0+380.000	0	26	20.000		
				0.000	500.000
K0+400.000	0	24	20.000		
				0.000	500.000
K0+420.000	0	26	20.000		
				0.000	500.000
K0+440.000	0	24	20.000		
合计				2 364.500	1 728.500

土石方部分计价表格见表 2-20~表 2-26。

表 2-20 单位工程招标控制价汇总表

工程名称：长沙市某道路土石方工程　　　标段：　　　　　　　　　　第　页　共　页

序号	工程内容	计费基础说明	费率（%）	金额	其中：暂估价/元
一	分部分项工程费	分部分项费用合计		35 419.82	
1	直接费			31 403.43	
1.1	人工费			3 134.47	
1.2	材料费			211.17	
1.2.1	其中：工程设备费/其他	（详见《市政工程工程量计算规范》（GB 50857—2013）附录 C 说明第 2 条规定计算）			
1.3	机械费			28 057.79	

75

(续)

序号	工程内容	计费基础说明	费率（%）	金额	其中：暂估价/元
2	管理费		6.8	2 135.42	
3	其他管理费	（详见《市政工程工程量计算规范》（GB 50857—2013）附录 C 说明第 2 条规定计算）	2		
4	利润		6	1 884.21	
二	措施项目费	1+2+3		7 551.02	
1	单价措施项目费	单价措施项目费合计		6 239.65	
1.1	直接费			5 531.62	
1.1.1	人工费				
1.1.2	材料费				
1.1.3	机械费			5 531.62	
1.2	管理费		6.8	376.14	
1.3	利润		6	331.89	
2	总价措施项目费	（按总价措施项目清单计费表计算）		66.66	
3	绿色施工安全防护措施项目费	（按绿色施工安全防护措施项目费计价表计算）	3.37	1 244.71	
3.1	其中安全生产费	（按绿色施工安全防护措施项目费计价表计算）	2.63	971.39	
三	其他项目费	（按其他项目清单与计价汇总表计算）		429.71	
四	税前造价	一+二+三		43 400.54	
五	销项税额	四	9	3 906.05	
	单位工程建安造价	四+五		47 306.59	

项目 2　市政土石方工程计量与计价

表 2-21　分部分项工程项目清单与措施项目清单计价表

工程名称：长沙市某道路土石方工程　　标段：　　　　　　　　　　　　　　　　　　　　　　　　　　　　第　页　共　页

序号	项目编码	项目名称	项目特征描述	计量单位	工程量	综合单价	金额/元 合价	其中：暂估价
1	040101001001	挖一般土方	1. 土壤类别：普通土	m³	1 728.5	3.62	35 419.82 6 257.17	
1.1	D1-34	挖掘机挖土方挖土不装车普通土		1 000m³	1.728 5	3 621.03	6 258.95	
2	040103002001	余方弃置（缺土内运）		m³	993.68	16.57	16 465.28	
2.1	D1-59 换	自卸汽车运土方运距 1km 内实际运距（km）：3	1. 运距：3km	1 000m³	0.993 68	12 481.64	12 402.76	
2.2	D1-37	挖掘机挖土方挖土装车普通土		1 000m³	0.993 68	4 084.29	4 058.48	
3	040103001001	回填方	1. 密实度要求：压实度≥95%	m³	2 364.5	5.37	12 697.37	
3.1	D1-65	机械平整场地、回填填土碾压		1 000m³	2.364 5	5 372.33	12 702.87	
1	041106001001	大型机械设备进出场及安拆		台·次	3	2 079.88	6 239.64 6 239.64	
1.1	J14-20	场外运费履带式挖掘机 1m³ 以内		台·次	1	1 979.52	1 979.52	
1.2	J14-35	场外运费压路机		台·次	1	2 385.95	2 385.95	
1.3	J14-25	场外运费履带式推土机 90kW 以内		台·次	1	1 874.18	1 874.18	
		本页小计					41 659.46	

表 2-22 综合单价分析表

工程名称：长沙市某道路土石方工程　　标段：　　第　页　共　页

清单编码	项目名称	计量单位	数量	综合单价	合价/元
040101001001	挖一般土方	m³	1 728.5		3.62

消耗量标准编号	项目名称	单位	数量	单价/元							合价/元
				合计（直接费）	人工费	材料费	机械费	管理费	其他管理费	利润	
D1-34	挖掘机挖土方挖土不装车普通土	1 000m³	1.728 5	3 210.13	500		2 710.13	377.31	2%	332.93	6 258.95
累计/元				5 548.71	864.25		4 684.46	377.31		332.93	6 258.95
								6.8%		6%	

材料费明细表

材料、名称、规格、型号	单位	数量	单价	合价	暂估单价	暂估合价

项目2　市政土石方工程计量与计价

(续)
第　页　共　页

工程名称：长沙市某道路土石方工程　　　　　标段：

清单编码	项目名称	计量单位	数量	综合单价	合价/元
040103002001	余方弃置（缺土内运）	m³	993.68	16.57	16 461.23

| 消耗量标准编号 | 项目名称 | 单位 | 数量 | 单价/元 | | | | | 合价/元 |
				合计（直接费）	人工费	材料费	机械费	管理费	其他管理费	利润	
D1-59换	自卸汽车运土方运距 1km 内实际运距（km）：3	1 000m³	0.993 68	11 065.28	500	53.47	11 011.81	747.68	2%	659.72	12 402.76
D1-37	挖掘机挖土方挖土装车普通土	1 000m³	0.993 68	3 620.82	496.84		3 120.82	244.66		215.88	4 058.48
累计/元				14 593.28		53.13	14 043.31	992.34		875.6	16 461.23

材料费明细表

材料、名称、规格、型号	单位	数量	单价	合价	暂估单价	暂估合价
水	t	11.924	4.39	52.35		
其他材料费	元	0.785	1	0.79	—	
材料费合计	元		—	53.14	—	

工程名称：长沙市某道路土石方工程　　　　　　标段：　　　　　　第　页　共　页　（续）

清单编码	项目名称	项目名称	计量单位	数量	综合单价	合价/元
040103001001	机械平整场地，回填土碾压		m³	2 364.5	5.37	12 702.88

消耗量标准编号	项目名称	单位	数量	单价/元					合计
				合计（直接费）	人工费	材料费	机械费	管理费 6.8%	其他管理费 2%	利润 6%	

消耗量标准编号	项目名称	单位	数量	合计（直接费）	人工费	材料费	机械费	管理费	其他管理费	利润	
D1-65	机械平整场地，回填土碾压	1 000m³	2.364 5	4 762.71	750	66.84	3 945.87	765.77		675.68	
累计/元				11 261.43	1 773.38	158.04	9 330.01	765.77		675.68	12 702.88

材料费明细表

材料、名称、规格、型号	单位	数量	单价	合价	暂估单价	暂估合价
水	t	35.468	4.39	155.70		
其他材料费	元	2.336	1	2.34		
材料费合计	元		—	158.04	—	

项目2 市政土石方工程计量与计价

(续)
第 页 共 页

工程名称：长沙市某道路土石方工程　　　　标段：

清单编码	项目名称									
041106001001	大型机械设备进出场及安拆	计量单位	台·次	数量	3			综合单价		合价/元
										2 079.88

消耗量标准编号	项目名称	单位	数量	单价/元					合价	利润	合价/元
				合计（直接费）	人工费	材料费	机械费	管理费	其他管理费		
								6.8%		6%	
J14-20	场外运费履带式挖掘机 1m³以内	台次	1	1 754.9			1 754.9	119.33		105.29	1 979.52
J14-35	场外运费压路机	台次	1	2 115.21			2 115.21	143.83		126.91	2 385.95
J14-25	场外运费履带式推土机 90kW以内	台次	1	1 661.51			1 661.51	112.98		99.69	1 874.18
累计/元				5 531.62			5 531.62	376.14		331.89	6 239.65

材料费明细表	材料、名称、规格、型号	单位	数量	单价	合价	暂估单价	暂估合价

注：1. 本表用于编制招投标综合单价时，招标文件提供了暂估单价的材料，应按暂估的单价填入表内"暂估单价"栏及"暂估合价"栏。
2. 本表用于编制工程竣工结算时，其材料单价应按双方约定的（结算单价）填写。
3. 其他管理费的计算按《市政工程工程量计算规范》（GB 50857—2013）附录C建筑安装工程费用标准说明第2条规定计取。

表 2-23 总价措施项目清单计费表

工程名称：长沙市某道路土石方工程　　标段：　　　　　　　　　　第 页 共 页

序号	项目编号	项目名称	计算基础	费率（%）	金额/元	备注
1	041109002001	夜间施工增加费	按招标文件规定或合同约定			
2	04B001	压缩工期措施增加费（招投标）	《市政工程工程量计算规范》（GB 50857—2013）附录 D 相关规定	0		
3	041109004001	冬雨季施工增加费	《市政工程工程量计算规范》（GB 50857—2013）附录 D 相关规定	0.16	66.66	
4	041109007001	已完工程及设备保护费	按招标文件规定或合同约定			
5	04B002	工程定位复测费	按招标文件规定或合同约定			
6	04B003	专业工程中的有关措施项目费	按各专业工程中的相关规定及招标文件规定或合同约定			
		合计			66.66	

注：按施工方案计算的措施费，若无"计算基础"和"费率"的数值，也可只填"金额"数值，但应在备注栏说明施工方案出处或计算方法。

表 2-24 绿色施工安全防护措施项目费计价表（招投标）

工程名称：长沙市某道路土石方工程　　　　标段：　　　　　　　　　第 页 共 页

序号	工程内容	计算基数	费率（%）	金额/元	备注
一	绿色施工安全防护措施项目费	直接费	3.37	1 244.71	按附录C说明及表4相应总费率标准计算
其中：	安全生产费	直接费	2.63	971.39	

注：安装工程取费基数按人工费，其他工程取费基数按直接费（不含其他管理费的计费基数。详附录C说明）计算。

表 2-25 其他项目清单与计价汇总表

工程名称：长沙市某道路土石方工程　　　　标段：　　　　　　　　　第 页 共 页

序号	项目名称	计费基础/单价	费率/数量	合计金额/元	备注
1	暂列金额				
2	暂估价				
2.1	材料暂估价				
2.2	专业工程暂估价				
2.3	分部分项工程暂估价				
3	计日工				
4	总承包服务费				
5	优质工程增加费				
6	安全责任险、环境保护税		1	429.71	
7	提前竣工措施增加费				
8	索赔签证				
9	其他项目费合计			429.71	

注：材料暂估单价进入清单项目综合单价，此处不汇总。

表 2-26 人工、材料、机械汇总表

工程名称：长沙市某道路土石方工程　　　　标段：　　　　　　　　　　第　页　共　页

序号	编码	名称（材料、机械规格型号）	单位	数量	单价/元	合价/元	备注
1	H00001	人工费	元	3 134.465	1	3 134.47	
2	34110100002	水	t	47.392	4.39	208.05	
3	88010500001	其他材料费	元	3.121	1	3.12	
4	J1-1	履带式推土机功率（kW）75 中	台班	0.679	1 391.012	944.50	
5	J1-34	钢轮振动压路机工作质量（t）18 大	台班	4.677	1 701.936	7 959.95	
6	J14-20	场外运费履带式挖掘机 1m³ 以内	台次	1	1 754.9	1 754.90	
7	J14-25	场外运费履带式推土机 90kW 以内	台次	1	1 661.511	1 661.51	
8	J14-35	场外运费压路机	台次	1	2 115.209	2 115.21	
9	J4-13	自卸汽车装载质量（t）12 大	台班	10.016	1 063.916	10 656.18	
10	J4-33	洒水车罐容量（L）4000 中	台班	2.315	490.673	1 135.91	
	本页小计	元				29 573.8	
	合计	元				29 573.8	

注：招标控制价、投标报价、竣工结算通用表。

项目 3　市政道路工程计量与计价

> **知识要点**
> 1. 市政道路工程清单工程量计算规则、计算方法。
> 2. 市政道路工程组价工程量计算规则。
> 3. 市政道路工程消耗量标准的套用和换算。

> **学习目标**
> 1. 掌握市政道路工程工程量清单编制方法。
> 2. 掌握市政道路工程组价工程量计算。
> 3. 掌握市政道路工程清单综合单价的计算。
> 4. 掌握市政道路工程清单计价文件的编制方法。

> **素养目标**
> 1. 培养精益求精、精准计量的工匠精神。
> 2. 培养实事求是、遵循实际的职业素养。
> 3. 培养能够联系学过的施工、招标投标等课程相关内容的能力。

任务 1　道路工程清单工程量的计算

3.1.1　道路工程清单工程量定义

道路工程清单工程量是指在编制道路工程单位工程工程量清单时,依据《市政工程工程量计算规范》(GB 50857—2013)中的计算规则计算出的工程量。

3.1.2　道路工程项目列项及计算规则

道路工程清单主要分为路基处理、道路基层、道路面层、人行道及其他以及交通管理设施共 5 个分项,见表 3-1~表 3-5。道路项目所涉及土方工程的内容见本书项目 2。

道路工程清单
工程量的计算

表 3-1　路基处理（编码：040201）

项目编码	项目名称	项目特征	计量单位	工程量计算规则	工作内容
040201001	预压地基	1. 排水竖井种类、断面尺寸、排列方式、间距、深度 2. 预压方法 3. 预压荷载、时间 4. 砂垫层厚度	m^2	按设计图示尺寸以加固面积计算	1. 设置排水竖井、盲沟、滤水管 2. 铺设砂垫层、密封膜 3. 堆载、卸载或抽气设备安拆、抽真空 4. 材料运输
040201002	强夯地基	1. 夯击能量 2. 夯击遍数 3. 地耐力要求 4. 夯填材料种类			1. 铺设夯填材料 2. 强夯 3. 夯填材料运输
040201003	振冲密实（不填料）	1. 地层情况 2. 振密深度 3. 孔距 4. 振冲器功率			1. 振冲加密 2. 泥浆运输
040201004	掺石灰	含灰量	m^3	按设计图示尺寸以体积计算	1. 掺石灰 2. 夯实
040201005	掺干土	1. 密实度 2. 掺土率			1. 掺干土 2. 夯实
040201006	掺石	1. 材料品种、规格 2. 掺石率			1. 掺石 2. 夯实
040201007	抛石挤淤	材料品种、规格			1. 抛石挤淤 2. 填塞垫平、压实
040201008	袋装砂井	1. 直径 2. 填充料品种 3. 深度	m	按设计图示尺寸以长度计算	1. 制作砂袋 2. 定位沉管 3. 下砂袋 4. 拔管
040201009	塑料排水板	材料品种、规格			1. 安装排水板 2. 沉管插板 3. 拔管
040201010	振冲桩（填料）	1. 地层情况 2. 空桩长度、桩长 3. 桩径 4. 填充材料种类	1. m 2. m^3	1. 以米计量，按设计图示尺寸以桩长计算 2. 以立方米计量，按设计桩截面乘以桩长以体积计算	1. 振冲成孔、填料、振实 2. 材料运输 3. 泥浆运输

（续）

项目编码	项目名称	项目特征	计量单位	工程量计算规则	工作内容
040201011	砂石桩	1. 地层情况 2. 空桩长度、桩长 3. 桩径 4. 成孔方法 5. 材料种类、级配	1. m 2. m^3	1. 以米计量，按设计图示尺寸以桩长（包括桩尖）计算 2. 以立方米计量，按设计桩截面乘以桩长（包括桩尖）以体积计算	1. 成孔 2. 填充、振实 3. 材料运输
040201012	水泥粉煤灰碎石桩	1. 地层情况 2. 空桩长度、桩长 3. 桩径 4. 成孔方法 5. 混合料强度等级	m	按设计图示尺寸以桩长（包括桩尖）计算	1. 成孔 2. 混合料制作、灌注、养护 3. 材料运输
040201013	深层水泥搅拌桩	1. 地层情况 2. 空桩长度、桩长 3. 桩截面尺寸 4. 水泥强度等级、掺量	m	按设计图示尺寸以桩长计算	1. 预搅下钻、水泥浆制作、喷浆搅拌提升成桩 2. 材料运输
040201014	粉喷桩	1. 地层情况 2. 空桩长度、桩长 3. 桩径 4. 粉体种类、掺量 5. 水泥强度等级、石灰粉要求	m	按设计图示尺寸以桩长计算	1. 预搅下钻、喷粉搅拌提升成桩 2. 材料运输
040201015	高压水泥旋喷桩	1. 地层情况 2. 空桩长度、桩长 3. 桩截面 4. 注浆类型、方法 5. 水泥强度等级、掺量	m	按设计图示尺寸以桩长计算	1. 成孔 2. 水泥浆制作、高压喷射注浆 3. 材料运输
040201016	石灰桩	1. 地层情况 2. 空桩长度、桩长 3. 桩径 4. 成孔方法 5. 掺和料种类、配合比	m	按设计图示尺寸以桩长（包括桩尖）计算	1. 成孔 2. 混合料制作、运输、夯填

（续）

项目编码	项目名称	项目特征	计量单位	工程量计算规则	工作内容
040201017	灰土（土）挤密桩	1. 地层情况 2. 空桩长度、桩长 3. 桩径 4. 成孔方法 5. 灰土级配	m	按设计图示尺寸以桩长（包括桩尖）计算	1. 成孔 2. 灰土拌和、运输、填充、夯实
040201018	柱锤冲扩桩	1. 地层情况 2. 空桩长度、桩长 3. 桩径 4. 成孔方法 5. 桩体材料种类、配合比		按设计图示尺寸以桩长计算	1. 安拔套管 2. 冲孔、填料、夯实 3. 桩体材料制作、运输
040201019	地基注浆	1. 地层情况 2. 成孔深度、间距 3. 浆液种类及配比 4. 注浆方法 5. 水泥强度等级、用量	1. m 2. m³	1. 以米计量，按设计图示尺寸以钻孔深度计算 2. 以立方米计量，按设计图示尺寸以加固体积计算	1. 成孔 2. 注浆导管制作、安装 3. 浆液制作、压浆 4. 材料运输
040201020	褥垫层	1. 厚度 2. 材料品种、规格及比例	1. m² 2. m³	1. 以平方米计量，按设计图示尺寸以铺设面积计算 2. 以立方米计量，按设计图示尺寸以铺设体积计算	1. 材料拌和、运输 2. 铺设 3. 压实
040201021	人工合成材料	1. 材料品种 2. 搭接方式	m²	按设计图示尺寸以面积计算	1. 基层整平 2. 铺设 3. 压实
040201022	排水沟、截水沟	1. 断面尺寸 2. 基础、垫层：材料品种、厚度 3. 砌体材料 4. 砂浆强度等级伸缩缝填塞盖板材质、规格	m	按设计图示以长度计算	1. 模板制作、安装、拆除 2. 基础、垫层铺筑 3. 混凝土拌和、运输、浇筑 4. 侧墙浇捣或砌筑 5. 勾缝、抹面 6. 盖板制作、安装

（续）

项目编码	项目名称	项目特征	计量单位	工程量计算规则	工作内容
040201023	盲沟	1. 材料品种、规格 2. 断面尺寸	m		铺筑

注：1. 地层情况按表 2-2 和表 2-6 的规定，并根据岩土工程勘察报告按单位工程各地层所占比例（包括范围值）进行描述。对无法准确描述的地层情况，可注明由投标人根据岩土工程勘察报告自行决定报价。
  2. 项目特征中的桩长应包括桩尖，空桩长度＝孔深－桩长，孔深为自然地面至设计桩底的深度。
  3. 如采用碎石、粉煤灰、砂等作为路基处理的填方材料时，应按表 2-7 回填方及土石方项目编码列项。
  4. 排水管、截水沟清单项目中，当侧墙为混凝土时，还应描述侧墙的混凝土强度等级。

表 3-2　道路基层（编码：040202）

项目编码	项目名称	项目特征	计量单位	工程量计算规则	工作内容
040202001	路床（槽）整形	1. 部位 2. 范围	m²	按设计道路底基层图示尺寸以面积计算，不扣除各类井所占面积	1. 放样 2. 整修路拱 3. 碾压成型
040202002	石灰稳定土	1. 含灰量 2. 厚度	m²	按设计图示尺寸以面积计算，不扣除各类井所占面积	1. 拌和 2. 运输 3. 铺筑 4. 找平 5. 碾压 6. 养护
040202003	水泥稳定土	1. 水泥含量 2. 厚度			
040202004	石灰、粉煤灰、土	1. 配合比 2. 厚度			
040202005	石灰、碎石、土	1. 配合比 2. 碎石规格 3. 厚度			
040202006	石灰、粉煤灰、碎（砾）石	1. 配合比 2. 碎（砾）石规格 3. 厚度			
040202007	粉煤灰	厚度			
040202008	矿渣				
040202009	砂砾石	1. 石料规格 2. 厚度			
040202010	卵石				
040202011	碎石				
040202012	块石				
040202013	山皮石				
040202014	粉煤灰三渣	1. 配合比 2. 厚度			

（续）

项目编码	项目名称	项目特征	计量单位	工程量计算规则	工作内容
040202015	水泥稳定碎（砾）石	1. 水泥含量 2. 石料规格 3. 厚度	m^2	按设计图示尺寸以面积计算，不扣除各类井所占面积	1. 拌和 2. 运输 3. 铺筑 4. 找平 5. 碾压 6. 养护
040202016	沥青稳定碎石	1. 沥青品种 2. 石料规格 3. 厚度			

注：1. 道路工程厚度应以压实后为准。
2. 道路基层设计截面如为梯形时，应按其截面平均宽度计算面积，并在项目特征中对截面参数加以描述。

表 3-3　道路面层（编码：040203）

项目编码	项目名称	项目特征	计量单位	工程量计算规则	工作内容
040203001	沥青表面处治	1. 沥青品种 2. 层数	m^2	按设计图示尺寸以面积计算，不扣除各种井所占面积，带平石的面层应扣除平石所占面积	1. 喷油、布料 2. 碾压
040203002	沥青贯入式	1. 沥青品种 2. 石料规格 3. 厚度			1. 摊铺碎石 2. 喷油、布料 3. 碾压
040203003	透层、粘层	1. 材料品种 2. 喷油量			1. 清理下承面 2. 喷油、布料
040203004	封层	1. 材料品种 2. 喷油量 3. 厚度			1. 清理下承面 2. 喷油、布料 3. 压实
040203005	黑色碎石	1. 材料品种 2. 石料规格 3. 厚度			1. 清理下承面 2. 拌和、运输 3. 摊铺、整型 4. 压实
040203006	沥青混凝土	1. 沥青品种 2. 沥青混凝土种类 3. 石料粒径 4. 掺和料 5. 厚度			

（续）

项目编码	项目名称	项目特征	计量单位	工程量计算规则	工作内容
040203007	水泥混凝土	1. 混凝土强度等级 2. 掺和料 3. 厚度 4. 嵌缝材料	m²	按设计图示尺寸以面积计算，不扣除各种井所占面积，带平石的面层应扣除平石所占面积	1. 模板制作、安装、拆除 2. 混凝土拌和、运输、浇筑 3. 拉毛 4. 压痕或刻防滑槽 5. 伸缝 6. 缩缝 7. 锯缝、嵌缝 8. 路面养护
040203008	块料面层	1. 块料品种、规格 2. 垫层：材料品种、厚度、强度等级			1. 铺筑垫层 2. 铺砌块料 3. 嵌缝、勾缝
040203009	弹性面层	1. 材料品种 2. 厚度			1. 配料 2. 铺贴

注：水泥混凝土路面中传力杆和拉杆的制作、安装应按《市政工程工程量计算规范》(GB 50857—2013)附录 I 钢筋工程中相关项目编码列项。

表 3-4　人行道及其他（编码：040204）

项目编码	项目名称	项目特征	计量单位	工程量计算规则	工作内容
040204001	人行道整形碾压	1. 部位 2. 范围	m²	按人行道图示尺寸以面积计算，不扣除侧石、树池和各类井所占面积	1. 放样 2. 碾压
040204002	人行道块料铺设	1. 块料品种、规格 2. 基础、垫层：材料品种、厚度 3. 图形		按设计图示尺寸以面积计算，不扣除各类井所占面积，但应扣除侧石、树池所占面积	1. 基础、垫层铺筑 2. 块料铺设
040204003	现浇混凝土人行道及进口坡	1. 混凝土强度等级 2. 厚度 3. 基础、垫层：材料品种、厚度			1. 模板制作、安装、拆除 2. 基础、垫层铺筑 3. 混凝土拌和、运输、浇筑

（续）

项目编码	项目名称	项目特征	计量单位	工程量计算规则	工作内容
040204004	安砌侧（平、缘）石	1. 材料品种、规格 2. 基础、垫层：材料品种、厚度	m	按设计图示中心线长度计算	1. 开槽 2. 基础、垫层铺筑 3. 侧（平、缘）石安砌
040204005	现浇侧（平、缘）石	1. 材料品种 2. 尺寸 3. 形状 4. 混凝土强度等级 5. 基础、垫层：材料品种、厚度	m	按设计图示中心线长度计算	1. 模板制作、安装、拆除 2. 开槽 3. 基础、垫层铺筑 4. 混凝土拌和、运输、浇筑
040204006	检查井升降	1. 材料品种 2. 检查井规格 3. 平均升（降）高度	座	按设计图示路面标高与原有的检查井发生正负高差的检查井的数量计算	提升、降低
040204007	树池砌筑	1. 材料品种、规格 2. 树池尺寸 3. 树池盖材料品种	个	按设计图示数量计算	1. 基础、垫层铺筑 2. 树池砌筑 3. 盖面材料运输、安装
040204008	预制电缆沟铺设	1. 材料品种 2. 规格尺寸 3. 基础、垫层：材料品种、厚度 4. 盖板品种、规格	m	按设计图示中心线长度计算	1. 基础、垫层铺筑 2. 预制电缆沟安装 3. 盖板安装

表 3-5 交通管理设施（编码：040205）

项目编码	项目名称	项目特征	计量单位	工程量计算规则	工作内容
040205001	人（手）孔井	1. 材料品种 2. 规格尺寸 3. 盖板材质、规格 4. 基础、垫层：材料品种、厚度	座	按设计图示数量计算	1. 基础、垫层铺筑 2. 井身砌筑 3. 勾缝（抹面） 4. 井盖安装
040205002	电缆保护管	1. 材料品种 2. 规格	m	按设计图示以长度计算	敷设
040205003	标杆	1. 形式 2. 材质 3. 规格尺寸 4. 基础、垫层：材料品种、厚度 5. 油漆品种	根	按设计图示数量计算	1. 基础、垫层铺筑 2. 制作 3. 喷漆或镀锌 4. 底盘、拉盘、卡盘及杆件安装

（续）

项目编码	项目名称	项目特征	计量单位	工程量计算规则	工作内容
040205004	标志板	1. 类型 2. 材质、规格尺寸 3. 板面反光膜等级	块	按设计图示数量计算	制作、安装
040205005	视线诱导器	1. 类型 2. 材料品种	只		安装
040205006	标线	1. 材料品种 2. 工艺 3. 线型	1. m 2. m²	1. 以米计量，按设计图示以长度计算 2. 以平方米计量，按设计图示尺寸以面积计算	1. 清扫 2. 放样 3. 画线 4. 护线
040205007	标记	1. 材料品种 2. 类型 3. 规格尺寸	1. 个 2. m²	1. 以个计量，按设计图示数量计算 2. 以平方米计量，按设计图示尺寸以面积计算	—
040205008	横道线	1. 材料品种 2. 形式	m²	按设计图示尺寸以面积计算	—
040205009	清除标线	清除方法			清除
040205010	环形检测线圈	1. 类型 2. 规格、型号	个	按设计图示数量计算	1. 安装 2. 调试
040205011	值警亭	1. 类型 2. 规格 3. 基础、垫层：材料品种、厚度	座	按设计图示数量计算	1. 基础、垫层铺筑 2. 安装
040205012	隔离护栏	1. 类型 2. 规格、型号 3. 材料品种 4. 基础、垫层：材料品种、厚度	m	按设计图示以长度计算	1. 基础、垫层铺筑 2. 制作、安装架线
040205013	架空走线	1. 类型 2. 规格、型号			

（续）

项目编码	项目名称	项目特征	计量单位	工程量计算规则	工作内容
040205014	信号灯	1. 类型 2. 灯架材质、规格 3. 基础、垫层：材料品种、厚度 4. 信号灯规格、型号、组数	套	按设计图示数量计算	1. 基础、垫层铺筑 2. 灯架制作、镀锌、喷漆 3. 底盘、拉盘、卡盘及杆件安装 4. 信号灯安装、调试
040205015	设备控制机箱	1. 类型 2. 材质、规格尺寸 3. 基础、垫层：材料品种、厚度 4. 配置要求	台		1. 基础、垫层铺筑 2. 安装 3. 调试
040205016	管内配线	1. 类型 2. 材质 3. 规格、型号	m	按设计图示以长度计算	配线
040205017	防撞筒（墩）	1. 材料品种 2. 规格、型号	个	按设计图示数量计算	制作、安装
040205018	警示柱	1. 类型 2. 材料品种 3. 规格、型号	根		
040205019	减速垄	1. 材料品种 2. 规格、型号	m	按设计图示以长度计算	
040205020	监控摄像机	1. 类型 2. 规格、型号 3. 支架形式 4. 防护罩要求	台	按设计图示数量计算	1. 安装 2. 调试
040205021	数码相机	1. 规格、型号 2. 立杆材质、形式 3. 基础、垫层：材料品种、厚度	套		1. 基础、垫层铺筑 2. 安装 3. 调试
040205022	道闸机	1. 类型 2. 规格、型号 3. 基础、垫层：材料品种、厚度			

(续)

项目编码	项目名称	项目特征	计量单位	工程量计算规则	工作内容
040205023	可变信息情报板	1. 类型 2. 规格、型号 3. 立（横）杆材质、形式 4. 配置要求 5. 基础、垫层：材料品种、厚度	套	按设计图示数量计算	1. 基础、垫层铺筑 2. 安装 3. 调试
040205024	交通智能系统调试	系统类别	系统		系统调试

注：1. 表中清单项目如发生破除混凝土路面、土石方开挖、回填夯实等，应分别按《市政工程工程量计算规范》（GB 50857—2013）附录 K 拆除工程及附录 A 土石方工程中相关项目编码列项。
2. 除清单项目特殊中注明外，各类垫层应按《市政工程工程量计算规范》（GB 50857—2013）附录中相关项目编码列项。
3. 立电杆按《市政工程工程量计算规范》（GB 50857—2013）附录 H 路灯工程中相关项目编码列项。
4. 值警亭按半成品现场安装考虑，实际采用砖砌等形式的，按现行国家标准《房屋建筑与装饰工程工程量计算规范》（GB 50854—2013）中相关项目编码列项。
5. 与标杆相连的，用于安装标志板的配件应计入标志板清单项目内。

3.1.3　道路工程清单工程量计算方法

1. 路床整形清单工程量计算

路床整形是指道路车行道路床的整形、碾压，不包括人行道部分，按设计道路底基层图示尺寸以面积计算，不扣除各类井所占面积。

路床宽度按设计道路底基层面宽计算；路床长度等于道路中心线长度，用桩号计算。

（1）直线路段（无交叉口）工程量按下式计算：

$$路床整形面积 = 道路底基层宽度 \times 道路中心线长度 \tag{3-1}$$

（2）有交叉口路段工程量计算。有交叉口的路床整形面积除直线段面积外，还应包括转弯处增加的面积，即：

$$有交叉口路段路床整形面积 = 直线路段路床整形面积 + 交叉口转弯处增加的面积 \tag{3-2}$$

交叉口转弯处增加的面积，一般交叉口两侧计算至转弯圆弧的切点处，如图 3-1 中的阴影面积所示。交叉口转弯处增加面积计算公式如下：

1）道路正交时：

$$\begin{aligned} 交叉口转弯处增加面积 &= 4 \times 1\ 个转弯处增加的面积 \\ &= 4 \times \left(R^2 - \frac{\pi}{4}R^2\right) \\ &= 0.858\ 4R^2 \end{aligned} \tag{3-3}$$

2）道路斜交时：

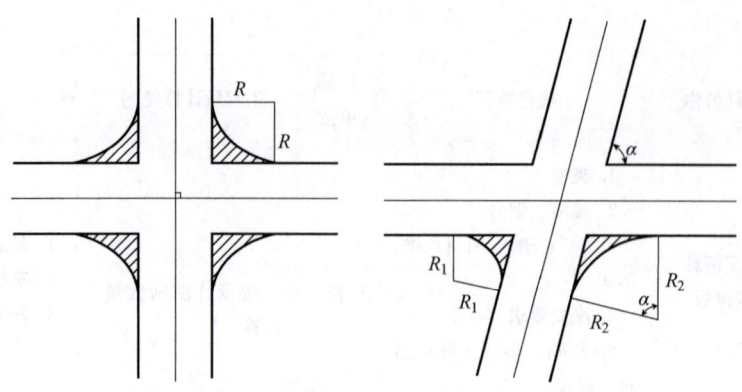

图 3-1　交叉口转弯处增加面积示意图

半径为 R_1 处转弯增加面积：

$$S_1 = R_1^2 \left(\tan \frac{\alpha}{2} - \frac{\alpha \pi}{360°} \right) \tag{3-4}$$

半径为 R_2 处转弯增加面积：

$$S_2 = R_2^2 \left(\tan \frac{180°-\alpha}{2} - \frac{(180°-\alpha)\pi}{360°} \right) \tag{3-5}$$

式中：α——道路斜交的角度（°）。

交叉口 4 个转弯处增加总面积：

$$F = 2(S_1 + S_2) \tag{3-6}$$

> 转角路口面积的计算：
> 1) 道路正交时：每个转角的路口面积 = $0.214R^2$
> 2) 道路斜交时：每个转角的路口面积 = $R^2(\tan\alpha/2 - 0.00873\alpha)$
> 相邻的两个转角的圆心角是互补角，即一个中心角是 α，另一个中心角是 $180°-\alpha$，R 是每个路口的转角半径。

2. 道路基层清单工程量计算

道路基层清单工程量按设计图示尺寸以面积计算，不扣除各类井所占面积，计量单位为 m^2。

（1）直线段工程量计算如下：

$$道路基层面积 = 道路基层宽度 \times 道路中心线长度 \tag{3-7}$$

（2）交叉口段工程量计算参阅前述路床整形工程量计算。

3. 道路面层清单工程量计算

道路面层清单工程量按设计图示尺寸以面积计算，不扣除各种井所占面积，带平石的面层应扣除平石所占面积，计量单位为 m^2。

（1）直线段工程量计算如下：

$$道路面层面积 = 道路面层宽度 \times 道路中心线长度 \tag{3-8}$$

（2）交叉口段工程量计算参阅前述路床整形工程量计算。

沥青混凝土路面带有平石，计算时应扣除平石所占的面积。

4. 人行道铺设清单工程量计算

人行道铺设工程量按设计图示尺寸以面积计算，不扣除各类井所占面积，但应扣除侧石、树池所占面积，计量单位为 m²。

(1) 直线段工程量计算如下：

人行道铺设面积=直线段设计长度×(设计人行道宽度−侧石宽度)−树池所占面积 (3-9)

(2) 交叉口段转弯处（计算至切点处）工程量计算如下：

人行道铺设面积=转弯处设计长度×(设计人行道宽度−侧石宽度)−树池所占面积

(3-10)

交叉口转弯处人行道设计长度应按人行道内、外两侧半径的平均值计算：

交叉口转弯处人行道设计长度=(人行道内侧半径+人行道外侧半径)÷2×转弯圆心角弧度

(3-11)

> 圆心角弧度计算公式如下：
>
> $$圆心角弧度 = \frac{\pi}{180°} \times 圆心角角度$$

5. 平、侧石清单工程量计算

平、侧石清单工程量按设计图示中心线长度计算，计量单位为 m。

(1) 直线段工程量计算如下：

平、侧石长度=直线段设计长度 (3-12)

直线段设计长度等于道路中线线长度，按道路桩号计算。

(2) 交叉口转弯处（计算至切点）工程量计算如下：

平、侧石长度=转弯处设计长度 (3-13)

转弯处设计长度按转弯处圆弧长度计算，等于转弯半径乘以圆心角弧度。

> 如图 3-2 所示，转角转弯处平侧石设计长度的计算如下：
> 1）道路正交时：每个转角的转弯平侧石长度=1.570 8R
> 2）道路斜交时：每个转角的转弯平侧石长度=0.017 15R×α
>
> 相邻的两个转角的圆心角是互补角，即一个中心角是 α，另一个中心角是 180°−α，R 是每个路口的转角半径。

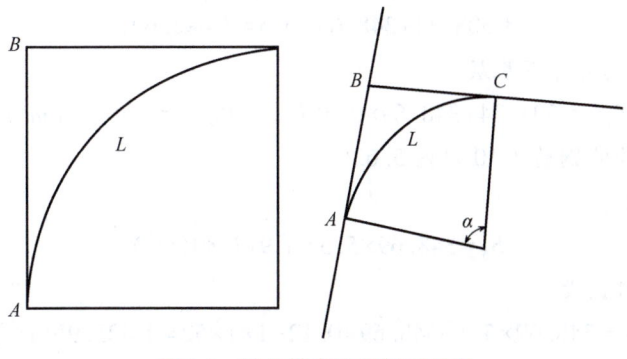

图 3-2 转角转弯处平侧石长度

【例 3-1】 某市区新建次干道道路工程，设计路段桩号为 K0+100～K0+240，在桩号 K0+180 处有一个丁字路口（斜交）。该次干道主路设计横断面路幅宽度为 29m，其中车行道为 18m，两侧人行道宽度各为 5.5m。斜交道路设计横断面路幅宽度为 27m，其中车行道为 16m，两侧人行道宽度同主路。在人行道两侧共有 52 个 1m×1m 的石质块树池。道路路面结构层依次为：20cm 厚混凝土面层（抗折强度 4.0MPa）、18cm 厚 5% 水泥稳定碎石基层、20cm 厚块石底层（人机配合施工），人行道采用 6cm 厚彩色异形人行道板，如图 3-3 所示。有关说明如下：

(1) 该设计路段土路基已填筑至设计路基标高。

(2) 6cm 厚彩色异形人行道板、12cm×37cm×100cm 花岗石侧石及 10cm×20cm×100cm 花岗石树池均按成品考虑，具体材料取市场除税价：彩色异形人行道板 45 元/m^2、花岗石侧石 80 元/m、花岗石树池 20 元/m。

(3) 水泥混凝土、水泥稳定碎石均采用集中厂拌；水泥砂浆采用现场拌制。

(4) 路面稳定层单幅浇筑。

(5) 路面水泥混凝土分幅浇筑，采用塑料膜养护，路面刻防滑槽。路面每隔 4m 设缩缝，缩缝宽 6mm、深 5cm，纵向施工缝填料前用锯缝机锯缝，锯缝宽 6mm、深 5cm，嵌缝材料为沥青木丝板。锯缝长度共 1 086.16m。

(6) 路面拉杆设螺纹钢筋 HRB400 Φ10 以内 5.62t。

试列出该工程的分部分项工程量清单，并计算其工程量。

解：

(1) 20cm 混凝土路面面积：

$$S_1 = (240-100) \times 18 + (60-9 \div \sin 87°) \times 16 + 20^2 \times (\tan 87° \div 2 - 0.008\ 73 \times 87°) + 20^2 \times (\tan 93° - 0.008\ 73 \times 93°) = 3\ 508.34(m^2)$$

(2) 侧石长度：

$$L = 140 \times 2 - (19.06 + 20.99 + 16 \div \sin 87°) + 30.45 + 32.38 + (60-9 \div \sin 87° - 19.06) + (60-9 \div \sin 87° - 20.99) = 348.69(m)$$

(3) 路床整形：

$$S_2 = 3\ 508.34 + 348.69 \times (0.12 + 0.18 + 0.2) = 3\ 682.69(m^2)$$

(4) 20cm 块石基石：

$$S_3 = 3\ 508.34 + 348.69 \times 0.5 = 3\ 682.69(m^2)$$

(5) 18cm 水泥稳定碎石基层：

$$S_4 = 3\ 508.34 + 348.69 \times 0.3 \times 0.14 \div 0.18 = 3\ 589.7(m^2)$$

(6) 现浇钢筋构件钢筋 Φ10 以内 5.62t。

(7) 人行道整形：

$$S_5 = 348.69 \times 5.5 = 1\ 917.80(m^2)$$

(8) 人行道块料铺设：

$$S_6 = 348.69 \times 5.5 - 348.69 \times 0.12 - 1 \times 1 \times 52 = 1\ 823.95(m^2)$$

(9) 树池砌筑：52 个。

项目3 市政道路工程计量与计价

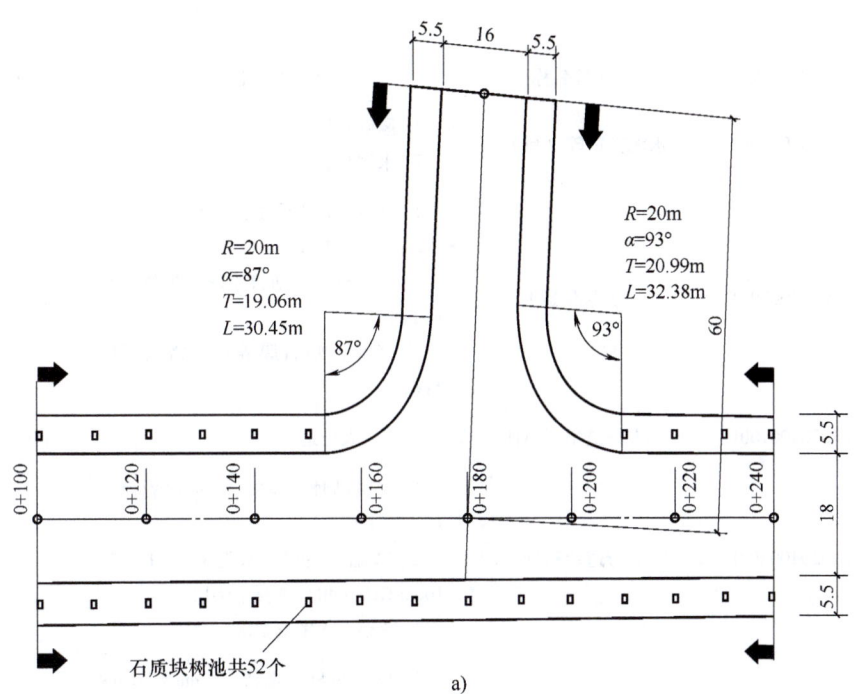

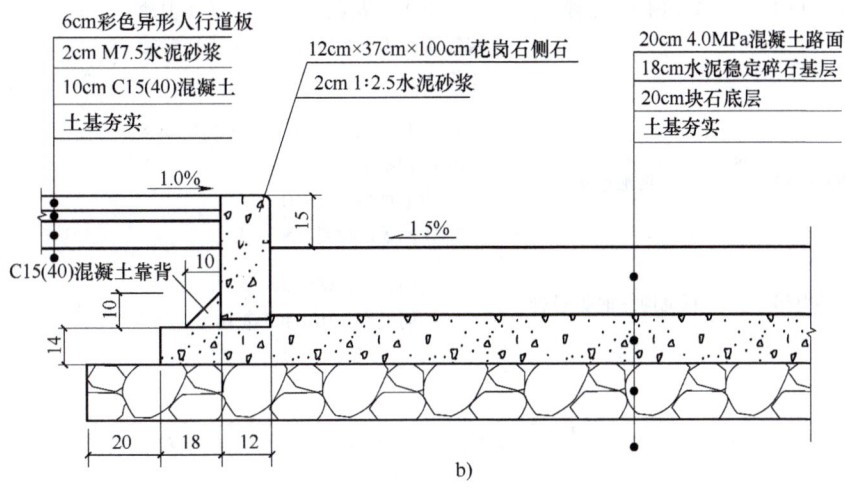

图 3-3 某市区新建次干道示意图
a) 平面图（单位：m） b) 结构图（单位：cm）

该工程分部分项工程量清单与计价表见表 3-6。

表 3-6 分部分项工程量清单与计价表

序号	清单编码	项目名称	项目特征描述	单位	工程量
1	040202001001	路床（槽）整形	部位：车行道	m²	3 682.69
2	040202012001	块石	厚度：20cm	m²	3 682.69

（续）

序号	清单编码	项目名称	项目特征描述	单位	工程量
3	040202015001	水泥稳定碎（砾）石	1. 厚度：18cm 2. 水泥掺量：5%	m²	3 589.7
4	040203007001	水泥混凝土	1. 混凝土抗折强度：4.0MPa 2. 厚度：20cm 3. 嵌缝材料：沥青木丝板嵌缝、缝深5cm 4. 其他：塑料膜养护、路面刻防滑槽	m²	3 508.34
5	040204001001	人行道整形碾压	部位：人行道	m²	1 917.80
6	040204002001	人行道块料铺设	1. 块料品种、规格：6cm厚彩色异形人行道板 2. 基础、垫层：水泥砂浆1：3；10cm C10（40）混凝土垫层 3. 图形：无图形要求	m²	1 823.95
7	040204004001	安砌侧（平、缘）石	1. 块料品种、规格：12cm×37cm×100cm花岗石侧石 2. 基础、垫层：2cm 1：2.5水泥砂浆铺筑；10cm×10cm C10（40）混凝土靠背	m	348.69
8	040204007001	树池砌筑	1. 材料品种、规格：10cm×20cm×100cm花岗石 2. 树池规格：1m×1m 3. 树池盖面材料品种：无	个	52
9	040901001001	现浇构件钢筋 拉杆	1. 钢筋种类：螺纹钢 2. 钢筋规格：HRB400 φ10	t	5.62

任务2　道路工程消耗量标准工程量的计算

1. 路基处理

路床（槽）碾压宽度按设计宽度计算，如设计无规定时，按车行道每侧加15cm计算。

2. 道路基层

（1）路基宽度按设计宽度计算，如设计无规定，按车行道每侧加15cm计算。

（2）多合料分层摊铺分层养生，分层计算。

（3）道路基层计算不扣除各种井位所占的面积。

3. 道路面层

（1）沥青混凝土、水泥混凝土、铺砌面层工程量均以设计长度乘以设计宽度计算（包

道路工程消耗量
标准工程量的计算

括转弯面积），不扣除各类井所占面积。但带平石的面层应扣除平石面积。

（2）透层、粘层、封层分别按设计图示尺寸以相应铺设的基层或面层面积计算。

（3）伸缩缝为缝的断面积，即设计缝长×设计路面厚（或锯缝深度），以"m^2"为计量单位。

（4）混凝土路面养生按混凝土路面面积计算。

（5）刻纹机刻混凝土路面按混凝土路面面积计算。

4. 人行道与侧缘石

人行道板、花砖安砌按实铺面积计算，侧平石及树池石按延长米计算。

5. 挡墙护坡工程

（1）砂石滤沟、砂滤层、碎石滤层、黏土隔水层按设计尺寸以体积计算。

（2）泄水孔按设计长度计算。

（3）护底、护坡以不同厚度按体积计算。

（4）挡土墙按设计断面以体积计算。

（5）浆砌台阶以设计断面的实砌体积以体积计算。

（6）勾缝按实际勾缝坡面面积计算。

（7）台背回填按设计尺寸以体积计算。

6. 交通管理设施

（1）标牌、标杆、门架及零星构件制作

1）交通标志杆和门架制作按设计图示尺寸以构件整体质量以"t"计算，不扣除孔眼、缺角、切肢、切边质量，但焊条、铆钉、螺钉等质量也不另行增加，不规则或多边形钢板，以其外接矩形面积计算。

2）标牌制作按设计图示尺寸以面积计算，圆形、三角形标志牌制作面积按外围矩形面积以"m^2"计算（折边不应展开）。

3）标志牌贴反光膜按成形标志牌面积的 1.6 倍计算（不另计算损耗），其他表面贴警示用反光膜按实际粘贴面积以"m^3"计算。

4）反光文字和图案制作按文字和图案最大外围矩形面积计算。

（2）标牌、标杆、门架安装

1）交通标志杆、标牌整体安装，分单柱式、悬臂式以"套"计算。

2）门架拼装按不同跨度以"t"计算。

3）圆形、三角形、矩形标志牌安装，按不同标志牌面积以"块"计算。

4）突起路标、轮廓标以"只"计算，反光柱以"个"计算。

（3）路面标线

1）路面常温漆标线、热熔普通标线和热熔振动标线，不论实线、分界线均按设计图示尺寸以面积计算。

2）箭头、菱形标记、三角形标记、图案、文字标线按单个标记的最大外围矩形面积计算。

3）普通热熔标线减速带按图纸设计施工划线层数的展开面积计算。

（4）隔离设施

1）隔离护栏制作以"t"计算。

2）道路隔离护栏的安装按长度计算，20cm 以内的间隔不扣除。

3）波形钢板护栏制作包括波形钢板梁、立柱两部分，按质量以"t"计算，托架、加强钢板、防阻块的质量计入立柱子目。

4）隔离栅钢立柱按图示质量计算，应包括斜撑等零件质量。

5）框架式网片安装以"m^2"计算，刺铁丝以"t"计算。

6）隔音屏障按图示设计面积计算。

（5）其他设施

1）开切线槽灌缝、布设导线线圈、布设导线引线按长度以延长米计算。

2）交通信号灯杆以不同杆式类型以"套"计算。

3）交通信号灯、人行灯安装按数量以"套"计算。

4）悬挂式和落地式设备控制箱安装以"套"计算。

5）警示柱、广角镜、隔离筒（墩）安装以"个"计算，减速垄按长度以"m"计算。

6）设备系统调试按设计图示数量计算。

【例3-2】 请结合【例3-1】试对清单套用消耗量标准进行组价工程量计算并列项。

解：查《湖南省市政工程量消耗量标准》（2020版）进行组价，组价工程量计算见表3-7。

表3-7 组价工程量列项

序号	消耗量标准编号	项目名称	单位	工程量	计算式
1	D2-6	车行道路床整形碾压	100m^2	37.35	路床整形组价工程量（3 682.69 + 348.69×0.15） m^2÷100m^2=37.35
2	D2-68-D2-69×5	片石底层 20cm	100m^2	36.827	块石底基层组价工程量 3 682.69m^2÷100m^2=36.827
3	D2-42-D2-43×2	水泥稳定碎石垫层 18cm	100m^2	35.897	水泥稳定碎石基层组价工程量 3 589.7m^2÷100m^2=35.897
4	D2-118 换	水泥混凝土路面厚度 20cm，采用刻纹	100m^2	35.083	水泥混凝土面层组价工程量 3 508.34m^2÷100m^2=35.083
5	D2-126	缩缝、施工缝锯缝机锯缝 缝深 5cm	100m	10.862	1 086.16m
6	D2-124	嵌缝沥青木板	10m^2	5.431	1 086.16m×0.05m=54.308m^2
7	D2-138	水泥混凝土刻纹机刻纹	100m^2	35.083	水泥混凝土面层组价工程量 3 508.34m^2÷100m^2=35.083
8	D2-134	路面养生 塑料膜养生	100m^2	35.083	水泥混凝土面层组价工程量 3 508.34m^2÷100m^2=35.083
9	D2-7	人行道整形碾压	100m^2	19.701	人行道整形组价工程量（1 917.80+ 348.69×0.15） m^2÷100m^2=19.701
10	D2-151 换	人行道板垫层 10cm 混凝土垫层换 C10 商品混凝土	100m^2	18.760	348.69×(5.5-0.12)=1 875.95m^2 1 875.95m^2÷100m^2=18.760
11	D2-154 换	人行道板安砌 异形预制块料人行道板 换：水泥42.5 水泥砂浆 M7.5	100m^2	18.240	人行道块料铺设组价工程量 1 823.95m^2÷100m^2=18.240

(续)

序号	消耗量标准编号	项目名称	单位	工程量	计算式
12	D2-162	侧平石、缘石垫层 人工铺装 混凝土垫层	m³	1.743	垫层组价工程量 = 0.1m×0.1m÷2× 348.69m = 1.743m³
13	D2-167 换	侧平石、缘石安砌 麻石侧石 不勾缝换水泥砂浆 1∶2.5 麻石侧石 370mm×120mm	100m	3.487	侧石砌筑组价工程量 348.69m
14	D2-174	砌筑树池 麻石	100m	2.08	52个×1m×4 = 208m 208m÷100m = 2.08
15	D9-40	道路拉杆	t	5.62	现浇钢筋构件组价工程量 5.62t

任务3　道路工程清单综合单价的计算

《湖南省市政工程消耗量标准》（2020年）中道路工程章节，内容包括路基处理、道路基层、道路面层、人行道与侧缘石、挡墙护坡工程、交通管理设施等。

1. 路基处理

（1）路基处理包括挖路槽土方、人工培路肩、路床（槽）整形、路基盲沟、弹软土基处理。

（2）开挖路槽土方平均深度在30cm以内按道路工程中挖路槽土方计算，平均深度超过30cm的按挖土方计算。

（3）路床（槽）整形项目的内容，包括平均厚度10cm以内的人工挖高填低、整平路床，使之形成设计要求的纵横坡度，并应经压路机碾压密实。

（4）滤管盲沟中不含滤管外滤层材料。

（5）强夯地基、喷锚支护、高压旋喷桩、水泥搅拌桩、压浆等项目，套用《湖南省房屋建筑与装饰工程消耗量标准》（2020年）第二章 地基处理和基坑支护相应项目。

2. 道路基层

（1）道路基层包括各种级配的多合料基层、水泥混凝土路面碎石化基层及碎（砾）石、块石底层。

（2）多合料基层的养生，养生期按7d考虑，其用水量已综合在多合料养生项目内。

（3）各种材料的底基层已包括水的用量。

（4）多合料基层子目摊铺材料及配合比不同时，可按试验配比调整材料含量，或按《湖南省市政工程消耗量标准》（2020年）附录中的配合比材料换算，人工、机械不变。

（5）道路基层厚度有设计按设计执行，没有设计按道路基层中"每增减"子目适用于压实厚度30cm以内，压实厚度在30cm以上的，应分解为两个结构层铺筑计算。

（6）厂拌水泥稳定料的材料可换算。

（7）水泥混凝土路面碎石化基层适用于原水泥混凝土路面材料的就地利用。

3. 道路面层

（1）道路面层内容包括简易路面、沥青贯入式路面、沥青混凝土路面、水泥混凝土路面、铺砌式面层等。

（2）水泥混凝土路面，综合考虑了有筋无筋等不同情况。施工中无论有筋无筋及出料机具如何均不换算。钢筋、拉杆、伸缩缝等另行计算。

（3）水泥混凝土路面采用刻纹的，扣除拉毛人工费 11 元/100m^2。

（4）透水水泥混凝土路面面层按素色考虑，彩色面层的无机颜料按设计配比另行计算，人工、机械不变。

（5）彩色透水混凝土和彩色沥青混凝土面层均按单色铺装考虑，拼色铺装时，人工、机械乘以系数 1.2。

（6）伸缩缝缩缝宽按 6mm 考虑。

（7）铺砌面层适用于工字铺、人字铺、菱形铺、席纹铺等规整铺装，拼花铺装时，材料按成品考虑，人工乘系数 1.10。

（8）现场切割加工简单弧形、简单异型的石材块料面层，按相应项目人工乘系数 1.25，材料损耗另行计算；不能现场切割加工的复杂弧形、复杂异型的石材块料铺装，材料按成品考虑，按相应项目人工乘系数 1.1。

（9）花岗岩料石铺贴石材厚度超过 90mm 时，人工、机械乘以系数 1.2。

（10）预制混凝土砌块面层结合层改为中粗砂时，扣除灰浆搅拌机含量，其他不变。

4. 人行道与侧缘石

（1）人行道与侧缘石包括人行道板、花砖、侧平石、行道树树池安砌。

（2）人行道与侧缘石所采用的人行道板、花砖、侧平石、行道树树池等砌料及垫层，如与设计不同时，可以调整。

（3）如石材需要现场磨边的，另行计价。

（4）花岗岩地面铺装适用于工字铺、人字铺、菱形铺、席纹铺等规整铺装。现场切割加工简单弧形、简单异型的石材块料面层，按相应项目人工乘以系数 1.25，材料损耗另行计算；不能现场切割加工的复杂弧形、复杂异型的石材块料铺装，材料按成品考虑，按相应项目人工乘系数 1.1。

（5）人行道板安砌结合料为中粗砂时，扣除灰浆搅拌机含量，人工费不调整。

5. 挡墙护坡工程

（1）挡墙护坡工程适用于市政工程的护坡和挡土墙工程。

（2）土边沟成形综合考虑了边沟挖土的土类和边沟两侧培整面积所需的挖土、培土、修整边坡及余土抛出沟外所需的人工。

（3）喷锚护坡套用《湖南省房屋建筑与装饰工程消耗量标准》（2020 年）第二章 地基处理和基坑支护相应项目。

（4）框格式护坡骨架套用《湖南省房屋建筑与装饰工程消耗量标准》（2020 年）第二章 地基处理和基坑支护中格构梁相应子目。

（5）边坡、护坡使用脚手架的，套用《湖南省市政工程消耗量标准》（2020 年）第十一章 措施项目脚手架相应子目。

（6）毛石混凝土挡墙的块石含量为 15%，如与设计不同时材料可换算，人工、机械不做调整。

（7）护坡、挡土墙高度超过 4m 时，超过部分的量人工乘以系数 1.15。

6. 交通管理设施

（1）交通管理设施内容包括标牌、标杆、门架及零星构件制作，标牌、标杆、门架安装，路面标线，隔离设施，其他设施。

（2）标牌、标杆、门架及零星构件等钢构件制作均不包括结构整体热镀锌、喷塑，编制招标控制价时按镀锌1 800元/t、喷塑800元/t（含运费）计算，结算时按经确认的市场价格调整。

（3）标志牌制作只适用于铝合金材料的标志牌，合成树脂类标志牌按市场成品价计算。

（4）标志牌贴膜包含反光膜的底膜和字膜，反光膜材料级别不同可以换算；反光膜文字、图案制作另按相应子目执行。

（5）金属钢构件场外运输均执行《湖南省房屋建筑与装饰工程消耗量标准》（2020年）第六章钢结构工程中的相应子目，钢结构的油漆按第十五章 油漆、涂料、裱糊工程相应项目执行。

（6）单项工程标志杆和标牌整体安装数量为5套以内时，相关项目人工、机械乘以系数1.3。

（7）双柱标杆标牌整体安装按单柱式子目乘以系数2，不带标牌标志杆立杆安装的，人工乘以系数0.9。

（8）标志牌安装子目仅用标志牌现场独立安装，净高小于4.5m时扣除高架车含量。

（9）摄像机、补光灯有需要独立立杆和支架的，套用交通管理设施的标杆和零星杆件制作和安装子目。

（10）交通设施中管道、电缆、控制线敷设执行《湖南省安装工程消耗量标准》（2020年）相应子目。

（11）波形钢板护栏中波形钢梁材料级别设计不同时可以换算，人工、机械不做调整；地锚式端头及基础混凝土，执行《湖南省市政工程消耗量标准》（2020年）相应子目。

（12）隔音屏障立柱基础、预埋铁件、钻孔、植筋需另外执行相应子目，安装线型为弧形时，人工、机械乘以系数1.2。全封闭式隔音棚可参考市场价格计取。

（13）隔离栅钢立柱基础套用《湖南省市政工程消耗量标准》（2020年）其他相应子目。

（14）落地式控制箱安装未含控制箱基础，应另行计算。

【例3-3】 请结合【例3-1】和【例3-2】确定侧平石砌筑的综合单价，见表3-8。

表3-8 侧平石砌筑综合单价

项目编码	项目名称	项目特征	计量单位	工程量
040204004001	安砌侧（平、缘）石	1. 块料品种、规格：12cm×37cm×100cm 花岗石侧石 2. 基础、垫层：2cm 1∶2.5 水泥砂浆铺筑；10cm×10cmC10（40）混凝土靠背	m	348.69

(续)

项目编码	项目名称	项目特征	计量单位	工程量
D2-162	侧平石、缘石垫层 人工铺装 混凝土垫层		m³	1.743
D2-167 换	侧平石、缘石安砌 麻石侧石 不勾缝换水泥砂浆 1∶2.5 麻石侧石 370mm×120mm		100m	3.487

解：根据案例背景，结合消耗量标准说明及综合单价计算方法，侧平石砌筑综合单价计算过程如下：

1. 查市政消耗量标准，确定 D2-162，具体见表 3-9。

表 3-9 侧平石、缘石垫层

工作内容：运料、备料、拌和、摊铺、找平、洒水、夯实。　　　　　　　　　　　　　计量单位：100m²

	编号		D2-160	D2-161	D2-162
	项目		人工铺装		
			石灰土垫层	砂垫层	混凝土垫层
	基价/元		373.46	428.96	631.42
其中	人工费		151.25	77.50	86.25
	材料费		222.21	351.46	545.17
	机械费		—	—	—
	名称	单位	单价	数量	
材料	天然中粗砂	m³	267.88	—	1.290	
	水	kg	4.39	0.140	0.160	0.200
	商品混凝土（砾石）C15	kg	525.72	—	—	1.020
	灰土 3∶7	m³	162.92	1.340	—	—
	其他材料费	元	1.00	3.284	5.194	8.057

由上表得出：D2-162 的人工费为 86.25 元；材料费为 545.17 元；机械费为 0 元；直接费为 631.42 元。

企业管理费 = 直接费×企业管理费率 = 631.42×6.8% = 42.94（元）

利润 = 直接费×利润费率 = 631.42×6% = 37.89（元）

合计 = 人工费+材料费+机械费+企业管理费+利润

= 86.25+545.17+0+42.94+37.89

= 712.25（元）

因混凝土靠背工程量为 1.743m³，则铺装混凝土靠背的分部分项工程费：

铺装混凝土靠背的分部分项工程费 = 712.25×1.743 = 1 241.45（元）

2. 查市政消耗量标准，确定 D2-167，具体见表 3-10。

表 3-10　水泥混凝土路面

工作内容：放样、模板制作、安拆、模板刷油、混凝土纵缝涂沥青油、浇筑、捣固、抹光或拉毛。　　　　计量单位：100m²

<table>
<tr><th colspan="2" rowspan="2">编号</th><th colspan="2"></th><th>D2-166</th><th>D2-167</th></tr>
<tr><th colspan="2">项目</th><th colspan="2">麻石侧石</th></tr>
<tr><td colspan="4">　</td><td>勾缝</td><td>不勾缝</td></tr>
<tr><td colspan="4">基价/元</td><td>5 083.04</td><td>4 878.27</td></tr>
<tr><td rowspan="3">其中</td><td colspan="3">人工费</td><td>1 623.75</td><td>1 442.50</td></tr>
<tr><td colspan="3">材料费</td><td>3 426.39</td><td>3 402.87</td></tr>
<tr><td colspan="3">机械费</td><td>32.9</td><td>32.90</td></tr>
<tr><td colspan="2">名称</td><td>单位</td><td>单价</td><td colspan="2">数量</td></tr>
<tr><td rowspan="4">材料</td><td>麻石侧石 350×150</td><td></td><td>m</td><td>30</td><td>101.5</td><td>101.5</td></tr>
<tr><td>水泥砂浆 1∶3</td><td></td><td>m³</td><td>538.83</td><td>0.043</td><td>—</td></tr>
<tr><td>石灰砂浆 1∶3</td><td></td><td>m³</td><td>454.33</td><td>0.677</td><td>0.677</td></tr>
<tr><td>其他材料费</td><td></td><td>元</td><td>1.00</td><td>50.636</td><td>50.289</td></tr>
<tr><td>机械</td><td>灰浆搅拌机 200L</td><td></td><td>台班</td><td>182.80</td><td>0.180</td><td>0.180</td></tr>
</table>

材料中麻石侧石 350mm×150mm 更换为花岗岩 370mm×120mm；石灰砂浆 1∶3 为更换水泥砂浆 1∶2.5，因此换算后的人工费为 1 442.50 元；花岗岩 370mm×120mm 价格为 80 元/m；水泥砂浆 1∶2.5 价格为 580.66 元/m³。

$$材料费 = 101.500 \times 80 + 0.677 \times 580.66 + 50.289$$
$$= 8\,563.40\,（元）$$

根据《关于机械费调整及有关问题的通知》（湘建价市〔2020〕46 号），机械费调整系数为 0.92，故：

$$机械费 = 32.90 \times 0.92 = 30.27\,（元）$$
$$直接费 = 人工费 + 材料费 + 机械费$$
$$= 1\,442.50 + 8\,563.40 + 30.27$$
$$= 10\,036.17\,（元）$$
$$企业管理费 = 直接费 \times 管理费率 = 10\,036.17 \times 6.8\% = 682.46\,（元）$$
$$利润 = 直接费 \times 利润费率 = 10\,036.17 \times 6\% = 602.17\,（元）$$
$$合计 = 人工费 + 材料费 + 机械费 + 企业管理费 + 利润$$
$$= 1\,442.50 + 8\,563.40 + 30.27 + 682.46 + 602.17$$
$$= 11\,320.80\,（元）$$

因侧石安砌工程量为 3.487×100m³，则侧石安砌的分部分项工程费：
侧石安砌的分部分项工程费 = 11 320.80×3.487 = 39 475.63（元）
安砌侧（平、缘）石分部分项工程费：1 241.45+39 475.63 = 40 717.08（元）
安砌侧（平、缘）石分部分项工程综合单价：40 717.08÷348.69 = 116.77（元/m）

任务 4　道路工程清单计价文件的编制实例

请结合【例 3-1】、【例 3-2】和【例 3-3】，该单位工程招标控制价见表 3-11～表 3-24，措施项目见附录 C。

表 3-11　招标控制价封面

<u>　　某市区新建次干道道路　　</u>　工程

招标控制价

招标人：<u>　　　　　　　　　　　　</u>

（单位盖章）

造价咨询人：<u>　　　　　　　　　　　　</u>

（单位盖章）

表 3-12　招标控制价扉页

_____某市区新建次干道道路_____　　工程

招标控制价

招标控制价（小写）：_____1 757 008.03 元_____

　　　　　（大写）：_____壹佰柒拾伍万柒仟零捌元零角叁分元_____

招标人：_____　　　　　　造价咨询人：_____

　　　　（单位盖章）　　　　　　　　　　　　　　（单位资质专用章）

法定代理人　　　　　　　　　　　　　　法定代理人
或其授权人：_____　　　　或其授权人：_____

　　　　（签字或盖章）　　　　　　　　　　　　　（签字或盖章）

编　制　人：_____　　　　复　核　人：_____

　　（造价人员签字盖专用章）　　　　　　（造价工程师签字盖专用章）

编制时间：　　　　　　　　　　　　　　复核时间：

表 3-13　工程计价总说明

总　说　明

工程名称：某市区新建次干道道路工程　　　　　　　　　　　　　　第　页　共　页

一、工程概况

某市区新建次干道道路工程，设计路段桩号为 K0+100～K0+240，在桩号 K0+180 处有一丁字路口（斜交）。该次干道主路设计横断面路幅宽度为 29m，其中车行道为 18m，两侧人行道宽度各为 5.5m。斜交道路设计横断面路幅宽度为 27m，其中车行道为 16m，两侧人行道宽度同主路。在人行道两侧共有 52 个 1m×1m 的石质块树池。道路路面结构层依次为：20cm 厚混凝土面层（抗折强度 4.0MPa）、18cm 厚 5% 水泥稳定碎石基层、20cm 厚块石底层（人机配合施工），人行道采用 6cm 厚彩色异形人行道板。

二、编制依据

1. 甲方提供的招标文件、工程量清单以及设计图。

2. 《湖南省建设工程工程量清单计价办法》（2020 年）、《湖南省房屋建筑与装饰工程消耗量标准》（2020 年）、《湖南省安装工程消耗量标准》（2020 年）、《湖南省市政工程消耗量标准》（2020 年）、《湖南省园林绿化工程消耗量标准》（2020 年）及相关配套解释与文件等。

3. 湖南省建设工程造价管理总站发布《关于机械费调整及有关问题的通知》（湘建价市〔2020〕46 号文）。

4. 本工程材料价格根据湘潭市建设工程造价管理站 2020 年 12 月发布的价格信息进行调整，缺项材料按市场调查计取。

5. 现行国家和有关部门颁发的建筑安装工程施工及验收规范、质量评定标准、安全技术操作规程、标准通用图集、设计图。

6. 其他现行政策、法规。

三、其他说明

1. 具体材料取市场除税价：彩色异形人行道板 45 元/m²、花岗石侧石 80 元/m、花岗石树池 20 元/m，为暂估价。

2. 暂估价按分部分项工程费的 10% 计取。

表 3-14　建设项目招标控制价汇总表

工程名称：某市区新建次干道道路工程　　　　　　　　　　　　　　第　页　共　页

序号	单项工程名称	金额/元	其中/元	
			绿色施工安全防护措施项目费	暂估价
1	某市区新建次干道道路工程	1 757 008.03	42 188.84	
1.1	某市区新建次干道道路工程	1 757 008.03	42 188.84	
	合计	1 757 008.03	42 188.84	

注：本表适用于建设项目招标控制价或投标报价的汇总。

表 3-15 单位工程招标控制价汇总表

工程名称：某市区新建次干道道路工程　　标段：　　　　　　　　　　　　第　页　共　页

序号	工程内容	计费基础说明	费率（%）	金额/元	其中：暂估价/元
一	分部分项工程费	分部分项费用合计		1 407 815.70	
1	直接费			1 248 062.42	
1.1	人工费			186 953.32	
1.2	材料费			1 038 023.26	116 255.31
1.2.1	其中：工程设备费/其他	（详见《市政工程工程量计算规范》（GB 50857—2013）附录 C 说明第 2 条规定计算）			
1.3	机械费			23 085.84	
2	管理费		6.8	84 868.61	
3	其他管理费	（按《市政工程工程量计算规范》（GB 50857—2013）附录 C 说明第 2 条规定计算）	2		
4	利润		6	74 884.31	
二	措施项目费	1+2+3		48 770.83	
1	单价措施项目费	单价措施项目费合计		4 322.57	
1.1	直接费			3 832.07	
1.1.1	人工费			320.00	
1.1.2	材料费			999.81	
1.1.3	机械费			2 512.26	
1.2	管理费		6.8	260.58	
1.3	利润		6	229.92	
2	总价措施项目费	（按表 3-18 总价措施项目清单计费表计算）		2 259.42	
3	绿色施工安全防护措施项目费	（按表 3-19 绿色施工安全防护措施项目费计价表计算）	3.37	42 188.84	
3.1	其中安全生产费	（按表 3-19 绿色施工安全防护措施项目费计价表计算）	2.63	32 924.83	
三	其他项目费	（按表 3-20 其他项目清单与计价汇总表计算）		155 347.44	
四	税前造价	一+二+三		1 611 933.97	
五	销项税额	四	9	145 074.06	
	单位工程建安造价	四+五		1 757 008.03	

表 3-16　分部分项工程项目清单与措施项目清单计价表

工程名称：某市区新建次干道道路工程　　标段：　　　　　　　　　　　　　　　　第　页　共　页

序号	项目编码	项目名称	项目特征描述	计量单位	工程量	综合单价	金额/元 合价	其中：暂估价
1	040202001001	路床（槽）整形	部位：车行道	m²	3 682.69	2.01	7 402.21	
1.1	D2-6	路床（槽）整形 车行道路床整形碾压		100m²	37.35	197.75	7 385.96	
2	040202012001	块石	厚度：20cm	m²	3 682.69	53.62	197 465.84	
2.1	D2-68 + D2-69× (-5) 换	片石底层厚度 25cm～实际厚度 (cm)：20		100m²	36.826 9	5 362.47	197 483.15	
3	040202015001	水泥稳定碎（砾）石	1. 厚度：18cm 2. 水泥掺量：5%	m²	3 589.70	83.23	298 770.73	
3.1	D2-42 + D2-43× (-2) 换	水泥稳定料基层 水泥稳定碎石 厚度 20cm～实际厚度 (cm)：18		100m²	35.897	8 323.30	298 781.50	
4	040203007001	水泥混凝土	1. 混凝土抗折强度 4.0MPa 2. 厚度：20cm 3. 嵌缝材料：沥青木丝板 嵌缝，缝深 5cm 4. 其他：塑料膜养护、路面刻防滑槽	m²	3 508.34	141.53	496 535.36	
4.1	D2-118 换	水泥混凝土路面厚度 20cm～采用刻纹		100m²	35.083 4	13 339.91	468 009.40	
4.2	D2-126	缩缝 锯缝机锯缝深 (cm) 5cm		100m	10.861 6	552.16	5 997.34	
4.3	D2-124	伸缝 沥青木板		10m²	5.431	1 566.71	8 508.80	
4.4	D2-138	水泥混凝土路面刻纹机刻纹		100m²	35.083 4	234.39	8 223.20	
4.5	D2-134	水泥混凝土路面养生塑料膜养护		100m²	35.083 4	165.01	5 789.11	
5	040204001001	人行道整形碾压	部位：人行道	m²	1 917.80	2.65	5 082.17	

项目3 市政道路工程计量与计价

（续）

工程名称：某市区新建次干道道路工程　　　标段：　　　　　　　　　　　　　　　　　　　　　第　页　共　页

序号	项目编码	项目名称	项目特征描述	计量单位	工程量	金额/元		
						综合单价	合价	其中：暂估价
5.1	D2-7	路床（槽）整形 人行道整形碾压		100m²	19.701	257.88	5 080.49	
6	040204002001	人行道块料铺设	1. 块料品种、规格：6cm厚彩色异形人行道板	m²	1 823.95	178.23	325 082.61	83 719.31
6.1	D2-151 换	人行道板垫层 混凝土垫层厚度10cm~换：商品混凝土（砾石）C10	1. 基础、垫层：2cmM7.5水泥砂浆砌筑；10cmC10（40）混凝土垫层	100m²	18.759 5	6 686.58	125 436.90	
6.2	D2-154	人行道板安砌 预制块料人行道板异形	3. 图形：无图形要求	100m²	18.239 5	10 945.69	199 643.91	83 719.31
7	040204004001	安砌侧（平、缘）石		m	348.69	116.56	40 643.31	28 313.63
7.1	D2-162 换	侧平石、缘石垫层 人工铺装 混凝土垫层～换：商品混凝土（砾石）C10	1. 块料品种、规格：12cm×37cm×100cm 花岗石侧石 2. 基础、垫层：2cm 1:2.5水泥砂浆铺筑；10cmC10（40）混凝土靠背	m³	1.743	700.24	1 220.52	
7.2	D2-167 换	侧石、缘石安砌 麻石侧石不勾缝～换：水泥砂浆 1:2.5～换：麻石侧石 370mm×120mm		100m	3.486 9	11 305.64	39 421.64	28 313.63
8	040204007001	树池砌筑	1. 材料品种、规格：10cm×20cm×100cm 花岗石 2. 树池规格：1m×1m 3. 树池盖面材料品种：无	个	52.00	130.28	6 774.56	4 222.40
8.1	D2-174	砌筑树池 麻石		100m	2.08	3 256.96	6 774.48	4 222.40
9	040901001001	现浇构件钢筋	1. 钢筋种类：螺纹钢 2. 钢筋规格：HRB400 Φ10	t	5.62	5 348.56	30 058.91	
9.1	D9-40	道路拉杆		t	5.62	5 348.56	30 058.91	

113

工程名称：某市区新建次干道道路工程　　　　标段：　　　　　　　　　　　　　第　页 共　页（续）

序号	项目编码	项目名称	项目特征描述	计量单位	工程量	金额/元		
						综合单价	合价	其中：暂估价
10	041106001001	大型机械设备进出场及安拆	1. 场外运费 履带式推土机 2. 场外运费 压路机	台次	1.00	4 322.57	4 322.57	
10.1	J14-25	场外运费 履带式推土机 90kW 以内		台次	1.00	1 889.07	1 889.07	
10.2	J14-35	场外运费 压路机		台次	1.00	2 433.50	2 433.50	
		合计				1 412 138.27	116 255.34	

注：1. 本表工程量清单项目综合的消耗量标准与表3-17综合单价分析表综合的内容应相同。
　　2. 此表用于竣工结算时无暂估价栏。

项目3 市政道路工程计量与计价

表3-17 综合单价分析表

工程名称：某市区新建次干道道路工程　　标段：　　　　　　　　　　　　　　第 页 共 页

清单编码	040202001001	项目名称	路床（槽）整形		计量单位	m²	数量	3 682.69	综合单价/元	2.01
消耗量标准编号	项目名称	单位	数量	单价/元						
				合计（直接费）	人工费	材料费	机械费	管理费	其他管理费	利润
D2-6	路床（槽）整形 车行道路床整形 碾压	100m²	37.35	175.31	45.00		130.31	6.80%	2.00%	6.00%
累计/元				6 547.83	1 680.75		4 867.08	445.25		392.87
				单位	单价	数量	合价	合价		392.87
材料费明细表	材料名称、规格、型号			元					暂估单价	暂估合价
	材料费合计									7 385.95
										7 385.95

工程名称：某市区新建次干道道路工程　　　　标段：　　　　第　页　共　页（续）

清单编码	项目名称	计量单位	数量	综合单价/元
040202012001	块石	m²		53.62

消耗量标准编号	项目名称	单位	数量	单价/元							合价/元
				合计（直接费）	人工费	材料费	机械费	管理费	其他管理费	利润	
D2-68+D2-69×(-5)换	片石底层 厚度25cm～实际厚度(cm):20	100m²	36.8269	4 753.96	408.75	4 136.15	209.06	6.80%	2.00%	6.00%	
累计/元				175 073.61	15 053.00	152 321.58	7 699.03	11 905.01	3 682.69	10 504.42	197 483.04
								11 905.01		10 504.42	197 483.04

材料费明细表

材料名称、规格、型号	单位	数量	单价	合价	暂估单价	暂估合价
碎石 5～32mm	m³	87.206	155.79	13 585.82		
片石	m³	871.509	156.70	136 565.46		
其他材料费	元	2 170.393	1.00	2 170.39	—	
材料费合计	元	—		152 321.58	—	

工程名称：某市区新建次干道道路工程　　　　　　标段：　　　　　　　　　　　　　　　　第　页　共　页（续）

清单编码	040202015001	项目名称	水泥稳定碎（砾）石	计量单位	m²	数量	3589.70	综合单价/元	83.23	合价/元	298781.42
消耗量标准编号	项目名称	数量	单位	单价/元							
				人工费	材料费	机械费	管理费	其他管理费	利润		
							6.80%	2.00%	6.00%		
D2-42 + D2-43×(-2)换	水泥稳定碎石基层 水泥稳定碎石厚度20cm～实际厚度(cm):18	35.897	100m²	872.50	6429.57	76.74	18011.65		15892.63		298781.42
累计/元				7378.81	230802.27	2754.74	18011.65		15892.63		
				31320.13							
				264877.14							

材料费明细表	材料名称、规格、型号	单位	数量	单价	合价	暂估单价	暂估合价
	厂拌水泥稳定碎石 水泥含量5%	m³	655.838	346.07	226965.86		
	水	t	118.460	3.58	424.09		
	其他材料费	元	3412.333	1.00	3412.33	—	
	材料费合计	元	—		230802.28	—	

工程名称：某市区新建次干道道路工程　　标段：　　第　页　共　页（续）

清单编码	040203007001	项目名称	水泥混凝土		计量单位	m²	数量	3 508.34	综合单价/元	141.53	合价/元	496 527.39
消耗量标准编号	项目名称	单位	数量	单价/元								
				合计（直接费）	人工费	材料费	机械费	管理费 6.80%	其他管理费 2.00%	利润 6.00%	综合单价/元	合价/元
D2-118 换	水泥混凝土路面 厚度20cm～采用刻纹	100m²	35.083 4	11 826.16	770.25	11 031.84	24.07	28 213.33		24 894.11		468 009.34
D2-126	缩缝 锯缝机锯缝 缝深（cm）5cm	100m	10.861 6	489.50	328.88	141.04	19.58	361.54		319.01		5 997.30
D2-124	伸缝 沥青木板	10m²	5.431	1 388.92	801.25	587.67		512.94		452.59		8 508.75
D2-138	水泥混凝土路面 刻纹机刻纹	100m²	35.083 4	207.79	73.50	9.12	125.17	495.72		437.40		8 223.10
D2-134	水泥混凝土路面 养生 塑料膜养护	100m²	35.083 4	146.28	125.00	21.28		348.98		307.92		5 788.90
累计/元				440 183.86	41 910.80	392 824.55	5 448.52	29 932.50		26 411.03		
材料费明细表	材料名称、规格、型号			单位	数量	单价	合价			暂估单价	暂估合价	
	圆钉			kg	7.017	6.50	45.61			—		
	套筒铁件			kg	228.042	7.43	1 694.35					
	板方材			m³	1.719	1 637.17	2 814.30					
	水			t	658.190	3.58	2 356.32					
	商品混凝土（砾石）C30			m³	715.701	524.13	375 120.37					
	其他材料费			元	6 317.456	1.00	6 317.46					
	锯缝机锯片 φ500			片	4.779	230.09	1 099.60					
	木丝板 25mm×610mm×1 830mm			m²	55.396	41.59	2 303.92					
	热石油沥青 60#～100#			t	0.179	4 690.00	839.51					
	塑料薄膜 0.006mm			m²	3 859.174	0.06	231.55					
	材料费合计			元	—	—	392 822.99					

项目3 市政道路工程计量与计价

工程名称：某市区新建次干道道路工程　　　标段：　　　第　页 共　页（续）

清单编码 消耗量标准编号	项目名称	单位	数量	单价/元 合计（直接费）	人工费	材料费	机械费	数量 管理费	其他管理费	利润	综合单价/元	合价/元
040204001001	路床（槽）整形碾压 人行道整形碾压	100m²	19.701					1 917.80			270.23	5 080.34
D2-7				228.61	215.00		13.61	306.26	6.80%	2.00%	6.00%	270.23	
累计/元				4 503.85	4 235.72		268.13	306.26					5 080.34
材料费明细表	材料名称、规格、型号	单位	数量	单价				合价		暂估单价	暂估合价	
	材料费合计	元	—	—				—		—	—	

清单编码 消耗量标准编号	项目名称	单位	数量	单价/元 合计（直接费）	人工费	材料费	机械费	数量 管理费	其他管理费	利润	综合单价/元	合价/元
040204002001	人行道块料铺设	m²						1 823.95			178.23	125 436.92
D2-151换	人行道板垫层 混凝土垫层 厚度10cm ~ 换：商品混凝土（砾石）C10	100m²	18.759 5	5 927.82	560.00	5 345.32	22.50	7 561.80	6.80%	2.00%	6.00%	6 672.18	
D2-154	人行道板安砌 预制 块料人行道板 异形	100m²	18.239 5	9 703.62	3 870.00	5 757.94	75.68	12 035.26				10 619.35	199 643.79
累计/元				288 192.12	81 092.19	205 297.48	1 802.45	19 597.06				17 291.53	325 080.71
材料费明细表	材料名称、规格、型号	单位	数量	单价				合价		暂估单价	暂估合价	
	水	t	67.249	3.58				240.75				
	商品混凝土（砾石）C10	m³	191.347	515.45				98 629.81				
	其他材料费	元	2 744.204	1.00				2 744.20				
	预制混凝土道板 异形	m²	1 860.429					7 344.97		45.00	83 719.31	
	普通硅酸盐水泥（P·O）42.5级	kg	15 627.604	0.47				7 344.97				
	粗净砂	m³	46.730	270.03				12 618.50				
	材料费合计	元	—	—				121 578.23		—	83 719.31	

工程名称：某市区新建次干道道路工程　　标段：　　第　页　共　页（续）

清单编码	040204004001	项目名称	安砌侧（平、缘）石		计量单位	m	数量	348.69	综合单价/元	116.56
消耗量标准编号	项目名称	单位	数量	单价/元						合价/元
				合计(直接费)	人工费	材料费	机械费	管理费	其他管理费	利润
								6.80%	2.00%	6.00%
D2-162换	侧平石、缘石垫层人工铺装 换：垫层～换：商品混凝土（砾石）C10	m²	1.743	620.78	86.25	534.53		73.58		64.92	1 220.52
D2-167换	侧平石、缘石安砌 麻石侧石 不勾缝～换：水泥砂浆1:2.5～换：麻石侧石370mm×120mm	100m	3.4869	10 022.73	1 442.50	8 549.96	30.27	2 376.48		2 096.90	39 421.64
累计/元				36 030.28	5 180.19	30 744.54	105.55	2 450.06		2 161.82	40 642.16

材料费明细表	材料名称、规格、型号	单位	数量	单价	合价	暂估单价	暂估合价
	水	t	1.057	3.58	3.78		
	商品混凝土（砾石）C10	m³	1.778	515.45	916.47		
	其他材料费	元	189.396	1.00	189.40		
	麻石侧石370mm×120mm	m	353.920			80.00	28 313.60
	普通硅酸盐水泥（P·O）42.5级	kg	1 156.709	0.47	543.65		
	粗净砂	m³	2.880	270.03	777.69		
	材料费合计	元	—		2 430.99	—	28 313.60

项目3　市政道路工程计量与计价

（续）

工程名称：某市区新建饮水干道道路工程　　　　标段：　　　　第　页　共　页

清单编码	项目名称	计量单位	数量	综合单价/元	合价/元
040204007001	砌筑树池 麻石	个	2.08		130.28

消耗量标准编号	项目名称	单位	数量	单价/元							综合单价/元	合价/元
				合计（直接费）	人工费	材料费	机械费	管理费	其他管理费	利润		
D2-174	砌筑树池 麻石	100m		2 887.38	788.13	2 099.25		408.39	52.00	360.35		6 774.49
								6.80%	2.00%	6.00%		
累计/元				6 005.75	1 639.31	4 366.44		408.39		360.35		6 774.49

材料费明细表

材料名称、规格、型号	单位	数量	单价	合价	暂估单价	暂估合价
麻石树池石 150mm×100mm	个	211.120	—	—	20.00	4 222.40
其他材料费	元	—	—	76.70	—	—
水	t	0.039	3.58	0.14		
普通硅酸盐水泥（P·O）42.5级	kg	52.616	0.47	24.73		
粗净砂	m³	0.157	270.03	42.39		
材料费合计	元	—	—	143.96	—	4 222.40

工程名称：某市区新建次干道道路工程　　　　标段：　　　　　　　　　　　　　　　　　　　　第　页　共　页（续）

清单编码	040901001001	项目名称	现浇构件钢筋 拉杆			计量单位	t	数量	5.62	综合单价/元	5 348.56
消耗量标准编号	项目名称	单位	数量	单价/元				管理费	其他管理费	利润	合价/元
				合计（直接费）	人工费	材料费	机械费	6.80%	2.00%	6.00%	
D9-40	道路拉杆	t	5.62	4 741.63	861.43	3 855.23	24.97	1 812.06		1 598.88	30 058.90
累计/元				26 647.96	4 841.24	21 666.39	140.33	1 812.06		1 598.88	30 058.90

材料费明细表	材料名称、规格、型号	单位	数量	单价	合价	暂估单价	暂估合价
	螺纹钢筋 HRB400 Φ10 以外	kg	5 760.500	3.70	21 313.85		
	其他材料费	元	352.543	1.00	352.54	—	
	材料费合计	元	—		21 666.39		

工程名称：某市区新建次干道道路工程　　　　　　标段：　　　　　　　　　　　　　　　第　页 共　页（续）

清单编码	0411060001001	项目名称	大型机械设备进出场及安拆		计量单位	台次	数量	1.00	综合单价/元	合价/元
										4 322.57
消耗量标准编号	项目名称	单位	数量	单价/元				合价		
				人工费	材料费	机械费	管理费	其他管理费	利润	
							6.80%	2.00%	6.00%	
J14-25	场外运费 履带式推土机 90kW 以内	台次	1.00	320.00	466.88	1 207.83	113.88		100.48	1 889.07
J14-35	场外运费 压路机	台次	1.00	320.00	532.93	1 304.43	146.70		129.44	2 433.50
累计/元					999.81	2 512.26	260.58		229.92	4 322.57
材料费明细表	材料名称、规格、型号	单位	数量	单价			合价		暂估单价	暂估合价
	枕木	m³	0.160	896.00			143.36		—	
	镀锌铁丝	kg	7.000	5.35			37.45			
	草袋	m²	12.760	2.99			38.15			
	其他材料费	元	14.430	1.00			14.43		—	
	材料费合计	元					233.39		—	

注：1. 本表用于编制招投标招标综合单价时，招标文件提供了暂估单价的材料，应按暂估的单价填入表内"暂估单价"及"暂估合价"栏。
2. 本表用于编制工程竣工结算时，其材料单价应按双方约定的（结算单价）填写。
3. 其他管理费的计算按《市政工程工程量计算规范》（GB 50857—2013）附录C 建筑安装工程费用标准说明第2条规定计取。

表 3-18 总价措施项目清单计费表

工程名称：某市区新建次干道道路工程　　　　　　标段：　　　　　　　　　　　　　　　第　页 共　页

序号	项目编号	项目名称	计算基础	费率（%）	金额/元	备注
1	041109004001	冬雨季施工增加费	分部分项工程费＋单价措施费	0.16	2 259.42	
					2 259.42	

注：按施工方案计算的措施费，若无"计算基础"和"费率"的数值，也可只填"金额"的数值，但应在备注栏说明施工方案出处或计算方法。

表 3-19 绿色施工安全防护措施项目费计价表（招投标）

工程名称：某市区新建次干道道路工程　　　　标段：　　　　　　　　　第 页 共 页

序号	工程内容	计费基数	费率（%）	金额/元	备注
一	绿色施工安全防护措施项目费	直接费	3.37	42 188.84	按《市政工程工程量计算规范》（GB 50857—2013）附录 C 说明及表 4 相应总费率标准计算
其中：	安全生产费	直接费	2.63	32 924.83	

注：安装工程取费基数按人工费，其他工程取费基数按直接费（不含其他管理费的计费基数。详见《市政工程工程量计算规范》（GB 50857—2013）附录 C 说明）计算。

表 3-20　其他项目清单与计价汇总表

工程名称：某市区新建次干道道路工程　　　　　标段：　　　　　　　　　　　第　页　共　页

序号	项目名称	计费基础/单价	费率/数量	合计金额/元	备注
1	暂列金额			140 781.57	明细详见表3-21
2	暂估价				
2.1	材料（工程设备）暂估价			116 255.31	明细详见表3-22
2.2	专业工程暂估价				
2.3	分部分项工程暂估价				
3	计日工				
4	总承包服务费				
5	优质工程增加费				明细详见表3-23
6	安全责任险、环境保护税		1	14 565.87	明细详见表3-23
7	提前竣工措施增加费				明细详见表3-23
8	索赔签证				
9	其他项目费合计			155 347.44	

注：材料暂估单价进入清单项目综合单价，此处不汇总。

表 3-21　暂列金额明细表

工程名称：某市区新建次干道道路工程　　　　　标段：　　　　　　　　　　　第　页　共　页

序号	项目名称	计量单位	暂定金额/元	备注
1	不可预见费	元	140 781.57	
2	检验试验费	元		
3				
4				
5				
6				
7				
8				
9				
10				
	合计		140 781.57	

注：此表由招标人填写，如不能详列，也可只列暂定金额总额，投标人应将上述暂列金额计入投标总价中。

表 3-22 材料暂估单价及调整表

工程名称：某市区新建次干道道路工程　　　　标段：　　　　　　　　　　　　第　页　共　页

序号	材料名称、规格、型号	计量单位	数量		暂估/元		确认/元		差额（±）/元		备注
			暂估	确认	单价	合价	单价	合价	单价	合价	
1	预制混凝土道板 异形	m²	1 860.429		45.00	83 719.31					
2	麻石侧石 370mm×120mm	m	353.92		80.00	28 313.60					
3	麻石树池石 150mm×100mm	m	211.12		20.00	4 222.40					
	合计					116 255.31					

注：此表由招标人填写"暂估单价"，并在备注栏说明暂估价的材料、工程设备拟用在那些清单项目上，投标人应将上述材料、工程设备暂估单价计入工程量清单综合单价报价中。

表 3-23 部分其他项目费计价表

工程名称：某市区新建次干道道路工程　　　　标段：　　　　　　　　　　　　第　页　共　页

序号	项目名称	计算基数	费率（%）	金额/元	备注
1	优质工程增加费	（分部分项工程费+措施项目费）			详见《市政工程工程量计算规范》（GB 50857—2013）附录D说明
2	安全责任险、环境保护税	（分部分项工程费+措施项目费）	1	14 565.87	详见《市政工程工程量计算规范》（GB 50857—2013）附录C表6
3	提前竣工措施增加费	（按合同约定）			
	合计			14 565.87	

注：环境保护税、安全责任险招投标时按计费基数及费率暂估，结算与取定不同时，可按实调整。

表 3-24 人工、材料、机械汇总表

工程名称：某市区新建次干道道路工程　　　　标段：　　　　　　　　　　　　第　页　共　页

序号	编码	名称（材料、机械规格型号）	单位	数量	单价/元	合价/元	备注
1	H00001	人工费	元	186 953.308	1.00	186 953.31	
2	JXRGF	人工费	元	320.00	1.00	320.00	
3	01010300003	螺纹钢筋 HRB400 Φ10 以外	kg	5 760.50	3.70	21 313.85	
4	02090100002	塑料薄膜 δ0.006mm	m²	3 859.174	0.06	231.55	

(续)

工程名称：某市区新建次干道道路工程　　　标段：　　　　　　　　第　页　共　页

序号	编码	名称（材料、机械规格型号）	单位	数量	单价/元	合价/元	备注
5	03130700006	锯缝机锯片 φ500	片	4.779	230.09	1 099.60	
6	03210100038	圆钉	kg	7.017	6.50	45.61	
7	03210900016	套筒铁件	kg	228.042	7.43	1 694.35	
8	04010100001	普通硅酸盐水泥（P·O）42.5级	kg	16 837.146	0.47	7 913.46	
9	04030400001	粗净砂	m³	49.767	270.03	13 438.58	
10	04050100005	碎石 5~32mm	m³	87.206	155.79	13 585.82	
11	04050500002	厂拌水泥稳定碎石，水泥含量5%	m³	655.838	346.07	226 965.86	
12	04110200004	片石	m³	871.509	156.70	136 565.46	
13	04290100002	预制混凝土道板，异形	m²	1 860.429	45.00	83 719.31	
14	05030400002	板方材	m³	1.719	1 637.17	2 814.30	
15	05150100001	木丝板 25mm×610mm×1830mm	m²	55.396	41.59	2 303.92	
16	13310100004	热石油沥青 60#~100#	t	0.179	4 690.00	839.51	
17	34110100002	水	t	844.997	3.58	3 025.09	
18	36071700003~2	麻石侧石 370mm×120mm	m	353.92	80.00	28 313.60	
19	36071700004	麻石树池石 150mm×100mm	m	211.12	20.00	4 222.40	
20	88010500001	其他材料费	元	15 277.454	1.00	15 277.45	
21	J0017	镀锌铁丝	kg	7.00	5.35	37.45	
22	J0021	枕木	m³	0.16	896.00	143.36	
23	J0022	草袋	m²	12.76	2.99	38.15	
24	80210400001	商品混凝土（砾石）C10	m³	193.125	515.45	99 546.28	
25	80210400005	商品混凝土（砾石）C30	m³	715.701	524.13	375 120.37	
26	J1-1	履带式推土机 功率（kW）75 中型	台班	1.905	1 391.012	2 649.88	

(续)

工程名称：某市区新建次干道道路工程　　标段：　　　　　　　　第　页　共　页

序号	编码	名称（材料、机械规格型号）	单位	数量	单价/元	合价/元	备注
27	J1-2	履带式推土机 功率（kW）90 大型	台班	0.25	1 605.915	401.48	
28	J1-3	履带式推土机 功率（kW）105 大型	台班	1.694	1 669.616	2 828.33	
29	J1-19	平地机 功率（kW）90 大型	台班	0.467	1 001.126	467.53	
30	J1-29	钢轮振动压路机 工作质量（t）8 中型	台班	0.905	996.158	901.52	
31	J1-31	钢轮振动压路机 工作质量（t）12 大型	台班	2.979	1 236.903	3 684.73	
32	J1-33	钢轮振动压路机 工作质量（t）15 大型	台班	3.664	1 516.261	5 555.58	
33	J1-65	路面刻纹机 小型	台班	6.947	276.212	1 918.84	
34	J4-6	载重汽车 装载质量（t）8 中型	台班	1.509	520.867	785.99	
35	J4-19	平板拖车组 装载质量（t）40 大型	台班	1.00	1 612.696	1 612.70	
36	J4-33	洒水车 罐容量（L）4000 中型	台班	3.438	490.673	1 686.93	
37	J6-12	灰浆搅拌机 拌筒容量（L）200 小型	台班	8.836	168.176	1 486.00	
38	J6-19	混凝土切缝机 功率（kW）7.5 小型	台班	6.789	31.326	212.67	
39	J6-20	混凝土振动器 平板式 小型	台班	40.896	10.322	422.13	
40	J6-22	混凝土振动器 附着式 小型	台班	88.936	9.494	844.36	
41	J7-2	钢筋切断机 直径（mm）40 小型	台班	3.192	43.967	140.34	
		合　计	元			1 251 127.65	

注：招标控制价、投标报价、竣工结算通用表。

项目 4　市政管网工程计量与计价

知识要点

1. 市政管网工程清单工程量计算规则、计算方法。
2. 市政管网工程组价工程量计算规则。
3. 市政管网工程消耗量标准的套用和换算。

学习目标

1. 掌握市政管网工程工程量清单编制方法。
2. 掌握市政管网工程组价工程量的计算方法。
3. 掌握市政管网工程清单综合单价的计算方法。
4. 掌握市政管网工程清单计价文件的编制。

素养目标

1. 培养精益求精、精准计量的工匠精神。
2. 培养实事求是、遵循实际的职业素养。
3. 培养能够联系学过的施工、招投标等课程的能力。

任务 1　管网工程清单工程量的计算

4.1.1　管网工程清单工程量范围

根据《市政工程工程量计算规范》(GB 50857—2013),管网工程包括管道铺设,管件、阀门及附件安装,支架制作及安装,管道附属构筑物以及相关问题及说明。管网项目所涉及土方工程的内容见本书项目 2。

4.1.2　管网工程项目列项及计算规则

1. 管道铺设

管道铺设工程量清单项目设置、项目特征、计量单位、工程量计算规则、工作内容,应按表 4-1 的规定执行。

表 4-1　管道铺设（编码：040501）

项目编码	项目名称	项目特征	计量单位	工程量计算规则	工作内容
040501001	混凝土管	1. 垫层、基础材质及厚度 2. 管座材质 3. 规格 4. 接口方式 5. 铺设深度 6. 混凝土强度等级 7. 管道检验及试验要求	m	按设计图示中心线长度以延长米计算。不扣除附属构筑物、管件及阀门等所占长度	1. 垫层、基础铺筑及养护 2. 模板制作、安装、拆除 3. 混凝土拌和、运输、浇筑、养护 4. 预制管枕安装 5. 管道铺设 6. 管道接口 7. 管道检验及试验
040501002	钢管	1. 垫层、基础材质及厚度 2. 材质及规格 3. 接口方式 4. 铺设深度 5. 管道检验及试验要求 6. 集中防腐运距			1. 垫层、基础铺筑及养护 2. 模板制作、安装、拆除 3. 混凝土拌和、运输、浇筑、养护 4. 管道铺设 5. 管道检验及试验 6. 集中防腐运距
040501003	铸铁管				
040501004	塑料管	1. 垫层、基础材质及厚度 2. 材质及规格 3. 连接形式 4. 铺设深度 5. 管道检验及试验要求			1. 垫层、基础铺筑及养护 2. 模板制作、安装、拆除 3. 混凝土拌和、运输、浇筑、养护 4. 管道铺设 5. 管道检验及试验
040501005	直埋式预制保温管	1. 垫层材质及厚度 2. 材质及规格 3. 接口方式 4. 铺设深度 5. 管道检验及试验要求			1. 垫层铺筑及养护 2. 管道铺设 3. 接口处保温 4. 管道检验及试验
040501006	管道架空跨越	1. 管道架设高度 2. 管道材质及规格 3. 接口方式 4. 管道检验及试验要求 5. 集中防腐运距		按设计图示中心线长度以延长米计算。不扣除管件及阀门等所占长度	1. 管道架设 2. 管道检验及试验 3. 集中防腐运输

（续）

项目编码	项目名称	项目特征	计量单位	工程量计算规则	工作内容
040501007	隧道（沟、管）内管道	1. 基础材质及厚度 2. 混凝土强度等级 3. 材质及规格 4. 接口方式 5. 管道检验及试验要求 6. 集中防腐运距	m	按设计图示中心线长度以延长米计算。不扣除附属构筑物、管件及阀门等所占长度	1. 基础铺筑、养护 2. 模板制作、安装、拆除 3. 混凝土拌和、运输、浇筑、养护 4. 管道铺设 5. 管道检验及试验 6. 集中防腐运输
040501008	水平导向钻进	1. 土壤类别 2. 材质及规格 3. 一次成孔长度 4. 接口方式 5. 泥浆要求 6. 管道检验及试验要求 7. 集中防腐运距	m	按设计图示长度以延长米计算。扣除附属构筑物（检查井）所占的长度	1. 设备安装、拆除 2. 定位、成孔 3. 管道接口 4. 拉管 5. 纠偏、监测 6. 泥浆制作、注浆 7. 管道检测及试验 8. 集中防腐运输 9. 泥浆、土方外运
040501009	夯管	1. 土壤类别 2. 材质及规格 3. 一次夯管长度 4. 接口方式 5. 管道检验及试验要求 6. 集中防腐运距			1. 设备安装、拆除 2. 定位、夯管 3. 管道接口 4. 纠偏、监测 5. 管道检测及试验 6. 集中防腐运输 7. 土方外运
040501010	顶（夯）管工作坑	1. 土壤类别 2. 工作坑平面尺寸及深度 3. 支撑、围护方式 4. 垫层、基础材质及厚度 5. 混凝土强度等级 6. 设备、工作台主要技术要求	座	按设计图示尺寸数量计算	1. 支撑、围护 2. 模板制作、安装，拆除 3. 混凝土拌和、运输、浇筑、养护 4. 工作坑内设备、工作台安装及拆除

（续）

项目编码	项目名称	项目特征	计量单位	工程量计算规则	工作内容
040501011	预制混凝土工作坑	1. 土壤类别 2. 工作坑平面尺寸及深度 3. 垫层、基础材质及厚度 4. 混凝土强度等级 5. 设备、工作台主要技术要求 6. 混凝土构件运距	座	按设计图示尺寸数量计算	1. 混凝土工作坑制作 2. 下沉、定位 3. 模板制作、安装、拆除 4. 混凝土拌和、运输、浇筑、养护 5. 工作坑内设备、工作台安装及拆除 6. 混凝土构件运输
040501012	顶管	1. 土壤类别 2. 顶管工作方式 3. 管道材质及规格 4. 中继间规格 5. 工具管材质及规格 6. 触变泥浆要求 7. 管道检验及试验要求 8. 集中防腐运距	m	按设计图示长度以延长米计算。扣除附属构筑物（检查井）所占的长度	1. 管道顶进 2. 管道接口 3. 中继间、工具管及附属设备安装拆除 4. 管内挖、运土及土方提升 5. 机械顶管设备调向 6. 纠偏、监测 7. 触变泥浆制作、注浆 8. 洞口止水 9. 管道检测及试验 10. 集中防腐运输 11. 泥浆、土方外运
040501013	土壤加固	1. 土壤类别 2. 加固填充材料 3. 加固方式	1. m 2. m³	1. 按设计图示加固段长度以延长米计算 2. 按设计图示加固段体积以立方米计算	打孔、调浆、灌注
040501014	新旧管连接	1. 材质及规格 2. 连接方式 3. 带（不带）介质连接	处	按设计图示数量计算	1. 切管 2. 钻孔 3. 连接
040501015	临时放水管线	1. 材质及规格 2. 铺设方式 3. 接口形式	m	按放水管线长度以延长米计算，不扣除管件、阀门所占长度	管线铺设、拆除

（续）

项目编码	项目名称	项目特征	计量单位	工程量计算规则	工作内容
040501016	砌筑方沟	1. 断面规格 2. 垫层、基础材质及厚度 3. 砌筑材料品种、规格、强度等级 4. 混凝土强度等级 5. 砂浆强度等级、配合比 6. 勾缝、抹面要求 7. 盖板材质及规格 8. 伸缩缝（沉降缝）要求 9. 防渗、防水要求 10. 混凝土构件运距	m	按设计图示尺寸以延长米计算	1. 模板制作、安装、拆除 2. 混凝土拌和、运输、浇筑、养护 3. 砌筑 4. 勾缝、抹面 5. 盖板安装 6. 防水、止水 7. 混凝土构件运输
040501017	混凝土方沟	1. 断面规格 2. 垫层、基础材质及厚度 3. 混凝土强度等级 4. 伸缩缝（沉降缝）要求 5. 盖板材质、规格 6. 防渗、防水要求 7. 混凝土构件运距	m	按设计图示尺寸以延长米计算	1. 模板制作、安装、拆除 2. 混凝土拌和、运输、浇筑、养护 3. 盖板安装 4. 防水、止水 5. 混凝土构件运输
040501018	砌筑渠道	1. 断面规格 2. 垫层、基础材质及厚度 3. 砌筑材料品种，规格、强度等级 4. 混凝土强度等级 5. 砂浆强度等级、配合比 6. 勾缝、抹面要求 7. 伸缩缝（沉降缝）要求 8. 防渗、防水要求	m	按设计图示尺寸以延长米计算	1. 模板制作、安装、拆除 2. 混凝土拌和、运输、浇筑、养护 3. 渠道砌筑 4. 勾缝、抹面 5. 防水、止水

(续)

项目编码	项目名称	项目特征	计量单位	工程量计算规则	工作内容
040501019	混凝土渠道	1. 断面规格 2. 垫层、基础材质及厚度 3. 混凝土强度等级 4. 伸缩缝（沉降缝）要求 5. 防渗、防水要求 6. 混凝土构件运距	m	按设计图示尺寸以延长米计算	1. 模板制作、安装、拆除 2. 混凝土拌和、运输、浇筑、养护 3. 防水、止水 4. 混凝土构件运输
040501020	警示（示踪）带铺设	规格		按铺设长度以延长米计算	铺设

注：1. 管道架空跨越铺设的支架制作、安装及支架基础、垫层应按表4-3支架制作及安装相关清单项目编码列项。
    2. 管道铺设项目中的做法如为标准设计，也可在项目特征中标注标准图集号。

2. 管件、阀门及附件安装

管件、阀门及附件安装工程量清单项目设置、项目特征、计量单位、工程量计算规则工作内容，应按表4-2规定执行。

表4-2 管件、阀门及附件安装（编码：040502）

项目编码	项目名称	项目特征	计量单位	工程量计算规则	工作内容
040502001	铸铁管管件	1. 种类 2. 材质及规格 3. 接口形式	个	按设计图示数量计算	安装
040502002	钢管管件制作、安装				制作、安装
040502003	塑料管管件	1. 种类 2. 材质及规格 3. 连接方式			安装
040502004	转换件	1. 材质及规格 2. 接口形式			
040502005	阀门	1. 种类 2. 材质及规格 3. 连接方式 4. 试验要求			
040502006	法兰	1. 材质、规格、结构形式 2. 连接方式 3. 焊接方式 4. 垫片材质			

（续）

项目编码	项目名称	项目特征	计量单位	工程量计算规则	工作内容
040502007	盲堵板制作、安装	1. 材质及规格 2. 连接方式	个	按设计图示数量计算	制作、安装
040502008	套管制作、安装	1. 形式、材质及规格 2. 管内填料材质			制作、安装
040502009	水表	1. 规格 2. 安装方式			安装
040502010	消火栓	1. 规格 2. 安装部位、方式			安装
040502011	补偿器（波纹管）	1. 规格 2. 安装方式	套		安装
040502012	除污器组成、安装				组成、安装
040502013	凝水缸	1. 材料品种 2. 型号及规格 3. 连接方式	组		1. 制作 2. 安装
040502014	调压器	1. 规格 2. 型号 3. 连接方式			安装
040502015	过滤器				
040502016	分离器				
040502017	安全水封				
040502018	检漏（水）管	规格			

注：040502013 项目的凝水井应按表4-4管道附属构筑物相关清单项目编码列项。

3. 支架制作及安装

支架制作及安装工程量清单项目设置、项目特征、计量单位、工程量计算规则、工作内容，应按表4-3的规定执行。

表4-3　支架制作及安装（编码：040503）

项目编码	项目名称	项目特征	计量单位	工程量计算规则	工作内容
040503001	砌筑支墩	1. 垫层材质、厚度 2. 混凝土强度等级 3. 砌筑材料、规格、强度等级 4. 砂浆强度等级、配合比	m³	按设计图示尺寸以体积计算	1. 模板制作、安装、拆除 2. 混凝土拌和、运输、浇筑、养护 3. 砌筑 4. 勾缝、抹面
040503002	混凝土支墩	1. 垫层材质、厚度 2. 混凝土强度等级 3. 预制混凝土构件运距			1. 模板制作、安装、拆除 2. 混凝土拌和、运输、浇筑、养护 3. 预制混凝土支墩安装 4. 混凝土构件运输

（续）

项目编码	项目名称	项目特征	计量单位	工程量计算规则	工作内容
040503003	金属支架制作、安装	1. 垫层、基础材质及厚度 2. 混凝土强度等级 3. 支架材质 4. 支架形式 5. 预埋件材质及规格	t	按设计图示质量计算	1. 模板制作、安装、拆除 2. 混凝土拌和、运输、浇筑、养护 3. 支架制作、安装
040503004	金属吊架制作、安装	1. 吊架形式 2. 吊架材质 3. 预埋件材质及规格			制作、安装

4. 管道附属构筑物

管道附属构筑物工程量清单项目设置、项目特征、计量单位、工程量计算规则、工作内容，应按表4-4的规定执行。

表4-4　管道附属构筑物（编码：040504）

项目编码	项目名称	项目特征	计量单位	工程量计算规则	工作内容
040504001	砌筑井	1. 垫层、基础材质及厚度 2. 砌筑材料品种、规格、强度等级 3. 勾缝、抹面要求 4. 砂浆强度等级、配合比 5. 混凝土强度等级 6. 盖板材质、规格 7. 井盖、井圈材质及规格 8. 踏步材质、规格 9. 防渗、防水要求	座	按设计图示数量计算	1. 垫层铺筑 2. 模板制作、安装、拆除 3. 混凝土拌和、运输、浇筑、养护 4. 砌筑、勾缝、抹面 5. 井圈、井盖安装 6. 盖板安装 7. 踏步安装 8. 防水、止水
040504002	混凝土井	1. 垫层、基础材质及厚度 2. 混凝土强度等级 3. 盖板材质、规格 4. 井盖、井圈材质及规格 5. 踏步材质、规格 6. 防渗、防水要求			1. 垫层铺筑 2. 模板制作、安装、拆除 3. 混凝土拌和、运输、浇筑、养护 4. 井圈、井盖安装 5. 盖板安装 6. 踏步安装 7. 防水、止水

（续）

项目编码	项目名称	项目特征	计量单位	工程量计算规则	工作内容
040504003	塑料检查井	1. 垫层、基础材质及厚度 2. 检查井材质、规格 3. 井筒、井盖、井圈材质及规格	座	按设计图示数量计算	1. 垫层铺筑 2. 模板制作、安装、拆除 3. 混凝土拌和、运输、浇筑、养护 4. 检查井安装 5. 井筒、井圈、井盖安装
040504004	砌筑井筒	1. 井筒规格 2. 砌筑材料品种、规格 3. 砌筑、勾缝、抹面要求 4. 砂浆强度等级、配合比 5. 踏步材质、规格 6. 防渗、防水要求	m	按设计图示尺寸以延长米计算	1. 砌筑、勾缝、抹面 2. 踏步安装
040504005	预制混凝土井筒	1. 井筒规格 2. 踏步规格			1. 运输 2. 安装
040504006	砌体出水口	1. 垫层、基础材质及厚度 2. 砌筑材料品种、规格 3. 砌筑、勾缝、抹面要求 4. 砂浆强度等级及配合比			1. 垫层铺筑 2. 模板制作、安装、拆除 3. 混凝土拌和、运输、浇筑、养护 4. 砌筑、勾缝、抹面
040504007	混凝土出水口	1. 垫层、基础材质及厚度 2. 混凝土强度等级	座	按设计图示数量计算	1. 垫层铺筑 2. 模板制作、安装、拆除 3. 混凝土拌和、运输、浇筑、养护
040504008	整体化粪池	1. 材质 2. 型号、规格			安装
040504009	雨水口	1. 雨水箅子及圈口材质、型号、规格 2. 垫层、基础材质及厚度 3. 混凝土强度等级 4. 砌筑材料品种、规格 5. 砂浆强度等级及配合比			1. 垫层铺筑 2. 模板制作、安装、拆除 3. 混凝土拌和、运输、浇筑、养护 4. 砌筑、勾缝、抹面 5. 雨水箅子安装

注：管道附属构筑物为标准定型附属构筑物时，在项目特征中应标注标准图集编号及页码。

5. 相关问题及说明

（1）管网工程清单项目所涉及土方工程的内容应按《市政工程工程量计算规范》（GB 50857—2013）附录 A 土石方工程中相关项目编码列项。

（2）刷油、防腐、保温工程、阴极保护及牺牲阳极应按现行国家标准《通用安装工程工程量计算规范》（GB 50856—2013）附录 M 刷油、防腐蚀、绝热工程中相关项目编码列项。

（3）高压管道及管件、阀门安装，不锈钢管及管件、阀门安装，管道焊缝无损探伤应按现行国家标准《通用安装工程工程量计算规范》（GB 50856—2013）附录 H 工业管道中相关项目编码列项。

（4）管道检验及试验要求应按各专业的施工验收规范及设计要求，对已完管道工程进行的管道吹扫、冲洗消毒、强度试验、严密性试验、闭水试验等内容进行描述。

（5）阀门电动机需单独安装，应按现行国家标准《通用安装工程工程量计算规范》（GB 50856—2013）附录 K 给排水、采暖、燃气工程中相关项目编码列项。

（6）雨水口连接管应按《市政工程工程量计算规范》（GB 50857—2013）附录 E.1 管道铺设中相关项目编码列项。

【例 4-1】 某排水工程 Y1-Y2 之间雨水管道 D600，设计井中至井中的中心线长度 20m，其雨水管道采用预应力混凝土管（胶圈接口），平均埋深 2m 内，管道基础如图 4-1 所示。Y1、Y2 均为直径 1 250mm 圆形混凝土定型井，如图 4-2 所示，井深 2.4m 以内，试列出该工程检查井及管道分部分项工程量清单。

工程量清单编制——
管网篇

解：

雨水管道工程量：20m

雨水检查井工程量：2 座

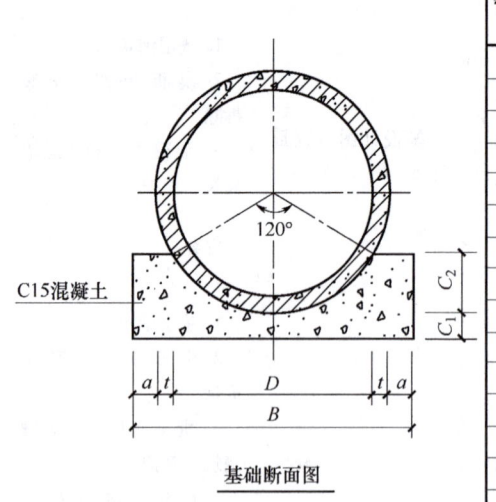

管内径 D	管壁厚 t	管基尺寸				基础混凝土量 /(m³/m)
		a	B	C_1	C_2	
600	55	100	910	100	178	0.175
700	60	100	1 020	100	205	0.208
800	70	105	1 150	105	235	0.255
900	75	113	1 276	113	263	0.309
1 000	85	128	1 426	128	293	0.389
1 100	95	143	1 576	143	323	0.478
1 200	100	150	1 700	150	350	0.549
1 350	115	173	1 926	173	395	0.709
1 500	125	188	2 126	188	438	0.859
1 650	140	210	2 350	210	483	1.055
1 800	150	225	2 550	225	525	1.235
2 000	170	255	2 850	255	585	1.553
2 200	185	278	3 126	278	643	1.862
2 400	200	300	3 400	300	700	2.196
2 600	220	330	3 700	330	760	2.614
2 800	235	353	3 976	353	818	3.011
3 000	250	375	4 250	375	875	3.432

图 4-1 管道基础

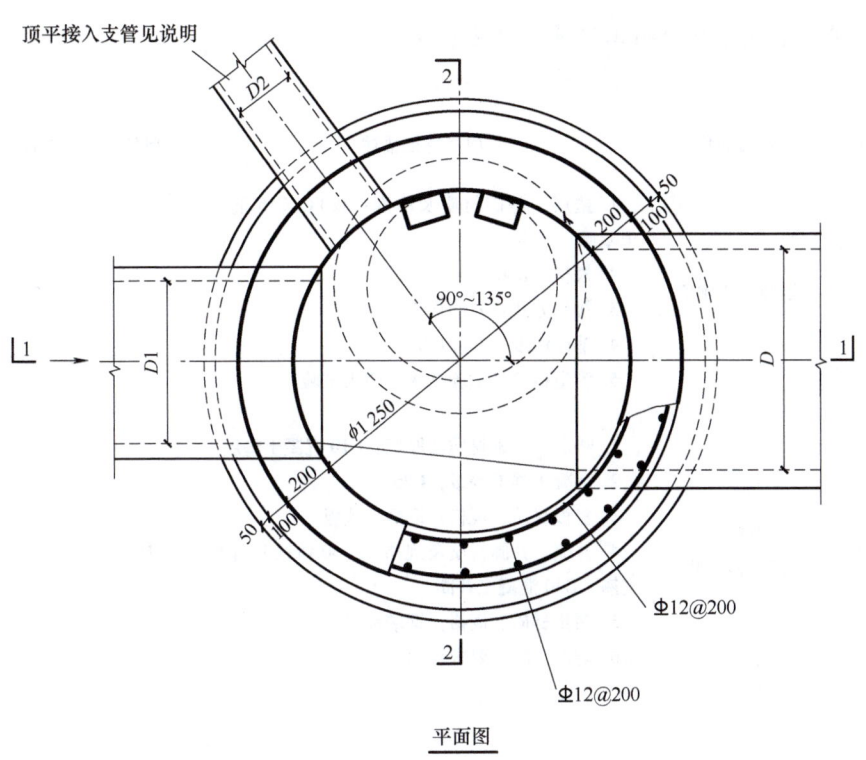

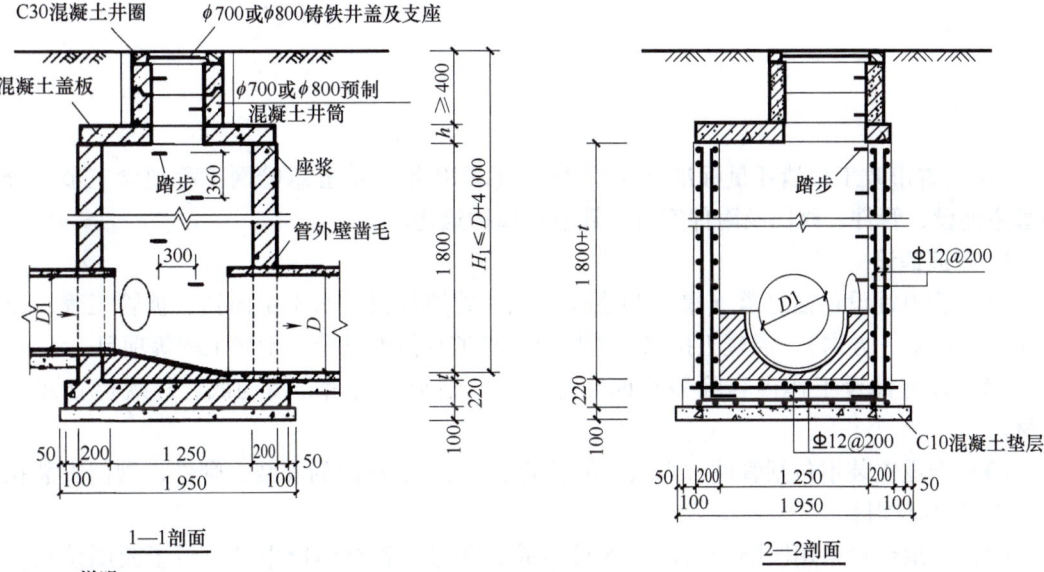

说明：
1. 单位：mm。
2. 井墙及底板混凝土为C25、S4；钢筋Φ-HPB235级钢，Φ-HRB335级钢；钢筋锚固长度33d，搭接长度40d；基础下层筋保护层40，其他为35。
3. 座浆、抹三角灰均用1:2防水水泥砂浆。
4. 流槽用M7.5水泥砂浆砌MU10砖；1:2防水水泥砂浆抹面，厚20。
5. 井室高度自井底至盖板底净高一般为1 800，埋深不足时酌情减少。
6. 接入支管超挖部分用级配砂石、混凝土或砖填实。
7. 顶平接入支管见圆形排水检查井尺寸表。
8. 井筒及井盖的安装做法见井筒图。

图 4-2 Y1、Y2 圆形混凝土定型井平、剖面图

则该工程检查井及管道分部分项工程量清单见表 4-5。

表 4-5 检查井及管道分部分项工程量清单

序号	清单编码	项目名称	项目特征描述	单位	工程量
1	040501001001	混凝土雨水管	1. 垫层、基础材质及厚度：120℃ C15 混凝土基础 2. 规格：D600 3. 接口方式：胶圈接口 4. 铺设深度：2m 以内 5. 管道检验及试验要求：闭水试验	m	20
2	040504002001	混凝土雨水检查井	1. 垫层、基础材质及厚度：C10 混凝土垫层 2. 混凝土强度等级：C25 3. 盖板材质、规格：混凝土盖板 4. 井盖、井圈材质及规格：φ700 铸铁井盖及支座、C30 混凝土井圈 5. 踏步材质、规格：钢踏步 6. 防渗、防水要求：S4	座	2

任务 2 管网工程消耗量标准工程量的计算

4.2.1 管网消耗量标准说明

《湖南省市政工程消耗量标准（基价表）》（2020 年）第五章管网工程包含三节，分别为管道铺设，管件、阀门及附件安装，管道附属构筑物。

1. 管道铺设

（1）管道铺设包括管道（渠）垫层及基础、管道铺设、水平定向钻、顶管工程、新旧管连接、渠道（方沟）、混凝土排水管道接口、管道功能性试验、附属工程等项目。

（2）管道铺设工作内容除另有说明外，均包括沿沟排管、清沟底、外观检查及清扫管材。

（3）管道安装不包括管件（弯头、异径管、三通）、阀门的安装。管件、阀门安装执行管网工程相应项目。

（4）管道铺设采用胶圈接口时，管材为成套购置，管材单价中已包括了胶圈价格，胶圈价格不再计取。

（5）顶管工程中的管径指管道内径。

（6）预制钢套钢复合保温管安装：

1）预制钢套钢复合保温管的管径为内管公称直径。

2）预制钢套钢复合保温管安装不包括接口绝热、外套钢接口制作安装和防腐工作内容。外套钢接口制作安装执行管网工程相应项目，接口绝热、防腐执行《湖南省安装工程消耗量标准（基价表）》（2020 年）相应项目。

(7) 水平定向钻：

1）子目已综合考虑泥浆收集弃运。

2）子目已包含水平钻进导向仪费用和钻机进出场费。

3）回拖布管管道组对焊接应按相应的管道安装子目另行计算。

(8) 顶管工程：

1）顶管工程按无地下水考虑，遇地下水排（降）水费用另行计算。

2）顶管工程中钢板内、外套环接口子目，仅适用于设计要求的永久性套环管口。顶进中为防止错口，在管内接口处所设置的工具式临时性钢胀圈不应套用。

3）顶进断面大于 $4m^2$ 的方（拱）涵工程，执行《湖南省市政工程消耗量标准（基价表）》（2020 年）第三章桥涵工程顶进箱涵相应子目。

4）顶管顶进、工作坑挖土方内容仅包括土方出坑堆放，出坑后的机械二次挖土、装车外运执行《湖南省市政工程消耗量标准（基价表）》（2020 年）第一章土石方工程相应子目。

5）泥水平衡机械顶进内容中，未包括泥浆处理及运输费用，应另行计算。

6）顶管顶进采用管壁涂蜡减阻的，执行《湖南省市政工程消耗量标准（基价表）》（2020 年）第三章桥涵工程中箱涵顶进涂蜡减阻子目。

(9) 新旧管线连接：

1）管径是指新旧管中的最大管径。

2）发生不同材质管道连接时按母管材质的相应内容执行。

3）铸铁管新旧连接如采用胶圈接口，可调整材料，其他不变。

4）钢管（焊接）、塑料管适用于给水和集中供热项目。

5）燃气工程新旧管道连接未列项目，可按施工组织设计以实际发生的人工、材料、机械费用另行计算。

(10) 钢丝网水泥砂浆接口均不包括内抹口，如设计要求内抹口，按抹口周长每 100m 增加水泥砂 $0.042m^3$、人工费 922 元计算。

(11) 闭水试验、试压、吹扫：

1）液压试验、气压试验、气密性试验，均考虑了管道两端所需的卡具、盲（堵）板，临时管线用的钢管、阀门、螺栓等材料的摊销量，也包括了一次试压的人工、材料和机械费用。

2）液压试验是按普通水考虑的，如试压介质有特殊要求，介质可按实调整。

3）试压水如需加温，热源费用及排水设施另行计算。

4）气体置换包括氮气和天然气置换。

5）通球清扫内容中已包括封头和收发球筒的摊销。

(12) 其他有关说明：

1）管道内防腐是按集中制作和现场制作相结合的方法考虑的，管道接口防腐采用热收缩套工艺。管道外防腐套用《湖南省安装工程消耗量标准（基价表）》（2020 年）的相关子目。

2）管道支撑制安适用于穿越工程的各种支撑的制作、安装，支撑可按设计要求换算，见表 4-6。

表 4-6 聚乙烯塑料支撑每级数量参考表　　　　　　　　　　单位：片/组

管径/mm	219	324	356	457	508	610
用量	2	3	5	6	7	8

2. 管件、阀门及附件安装

（1）管件、阀门及附件安装包括管件安装、转换件安装、阀门安装、法兰安装等项目。各类管件的制作套用《湖南省安装工程消耗量标准（基价表）》（2020年）相应项目。

（2）铸铁管件安装子目中综合考虑了承口、插口、带盘的接口，但与盘连接的阀门或法兰应另计。铸铁管件安装（胶圈接口）同样适用于球墨铸铁管件的安装。管件单价中已包括胶圈价格，胶圈价格不再另行计取。

（3）异径管、三通安装以大头口径为准。

（4）预制钢套钢复合保温管管件的管径为内管公称直径，外套管接口制作安装为外套管公称直径，子目中未包括接口绝热、防腐工作内容，接口绝热、防腐执行《湖南省安装工程消耗量标准（基价表）》（2020年）相应项目。

（5）法兰、阀门安装：

1）电动阀门安装不包括阀体与电动机分立组合的电动机安装。

2）阀门水压试验如设计要求用其他介质，可按实调整。

（6）盲（堵）板安装不包括螺栓，螺栓数量按设计计算确定。

（7）法兰水表安装：

1）法兰水表安装参照《市政给水管道工程及附属设施》（07MS101）编制，如实际安装形式与《湖南省市政工程消耗量标准（基价表）》（2020年）不同时，可按实调整。

2）水表安装不分冷、热水表，均执行水表组成安装相应项目，阀门或管件材质不同可按实调整。

（8）碳钢波纹补偿器按焊接法兰考虑，直接焊接时，应扣减法兰安装用材料，其他不变。法兰用螺栓按设计计算。

（9）凝水缸安装：

1）碳钢、铸铁凝水缸安装如使用成品头部装置时，可按实调整材料费，其他不变。

2）碳钢凝水缸安装未包括缸体、套管、抽水管的刷油、防腐，应按设计要求执行《湖南省安装工程消耗量标准（基价表）》（2020年）相应项目。

（10）成品调压柜安装：

1）成品调压柜安装以成品柜考虑，均不包括计量设备、过滤器、萘油分离器（脱萘筒）、安全放散装置（包括水封）的安装，如发生单独安装，可另行计算。

2）成品调压柜安装不包括支架及基础，按《湖南省市政工程消耗量标准（基价表）》（2020年）的相关子目执行。

（11）检漏管安装是按在套管上钻眼攻丝安装考虑的，已包括小井砌筑。

（12）分水栓、马鞍卡子、二合三通安装时发生的排水内容，应按批准的施工组织设计另行计算。马鞍卡子安装直径是指主管直径。

（13）挖眼接管焊接加强筋已在相应项目中综合考虑。

（14）钢塑过渡接头（法兰连接）安装不包括螺栓，螺栓数量按设计计算。

(15) 铸铁管连接套接头安装按自带螺栓考虑，如果不带螺栓，螺栓数量按设计计算。

3. 管道附属构筑物

(1) 管道附属构筑物包括定型井、砌筑非定型井、塑料检查井、井筒、雨水进水口、连接井等项目。

(2) 现浇混凝土方沟底板，执行管道（渠）基础中平基子目。

(3) 各类定型井的井盖、井座按重型球墨铸铁考虑，爬梯按塑钢考虑。设计不同时，井盖、井座及爬梯材料可以换算，其他不变。

(4) 塑料检查井按设在非铺装路面考虑，管道附属构筑物的其他各类井均是按设在铺装路面考虑的。

(5) 检查井筒砌筑适用于井深不同的调整和方沟井筒的砌筑，区分高度按数量计算，高度不同时用每增减 0.2m 计算。

(6) 跌水井跌水部位的抹灰，执行流槽抹面相应项目。

(7) 各类井的井深是指井盖顶面到井基础或混凝土底板顶面的距离，没有基础的到井垫层顶面。

$$井深 = 井盖顶标高 - 井基础顶标高$$

1) 井盖顶标高：当检查井位于路面范围内时，井盖顶与路面平齐，故设计路面标高即为井盖顶标高；当检查井位于绿化带等非路面范围内时，井盖顶通常比地面高出 2~3cm。

2) 井基础顶标高：即井底板顶标高。

在排水管道施工图中，通常不标注井地板顶标高，而是标注检查井处管内底标高，因此，需要根据检查井处管内底标高计算井底板顶标高。

落底井剖面图如图 4-3 所示、流槽井（不落底井）剖面图如图 4-4 所示。

检查井为落底井时：井底板顶标高 = 检查井处管内底标高 - 落底高度

检查井为流槽井（不落底井）时：井底板顶标高 = 检查井处管内底标高 - 管壁厚 - 0.02（坐浆厚度）

故检查井为落底井时：井深 = 井盖顶标高 -（检查井处管内底标高 - 落底高度）

检查井为流槽井（不落底井）时：井深 = 井盖顶标高 -（检查井处管内底标高 - 管壁厚 - 0.02）

计算确定井深后，通常按设计要求最小高度确定井室高度，再按下式计算井筒高度：

流槽井井筒总高度 = 井深 - 井室盖板厚度 - 井室高度 - 管壁厚 - 0.02（坐浆厚度）

落底井井筒总高度 = 井深 - 井室盖板厚度 - 井室高度（含落底高度）

井筒砌筑高度 = 井筒总高度 - 井圈及井盖高度

(8) 井深大于 1.5m 的不包括井字架的搭拆费用，井字架的搭拆执行《湖南省市政工程消耗量标准（基价表）》（2020 年）第十一章措施项目相应子目。

(9) 定型混凝土检查井包括模板安拆，混凝土方沟等其他项目的模板安拆执行《湖南省市政工程消耗量标准（基价表）》（2020 年）第十一章措施项目相应子目，钢筋制作安装执行《湖南省市政工程消耗量标准（基价表）》（2020 年）第九章钢筋工程相应子目。

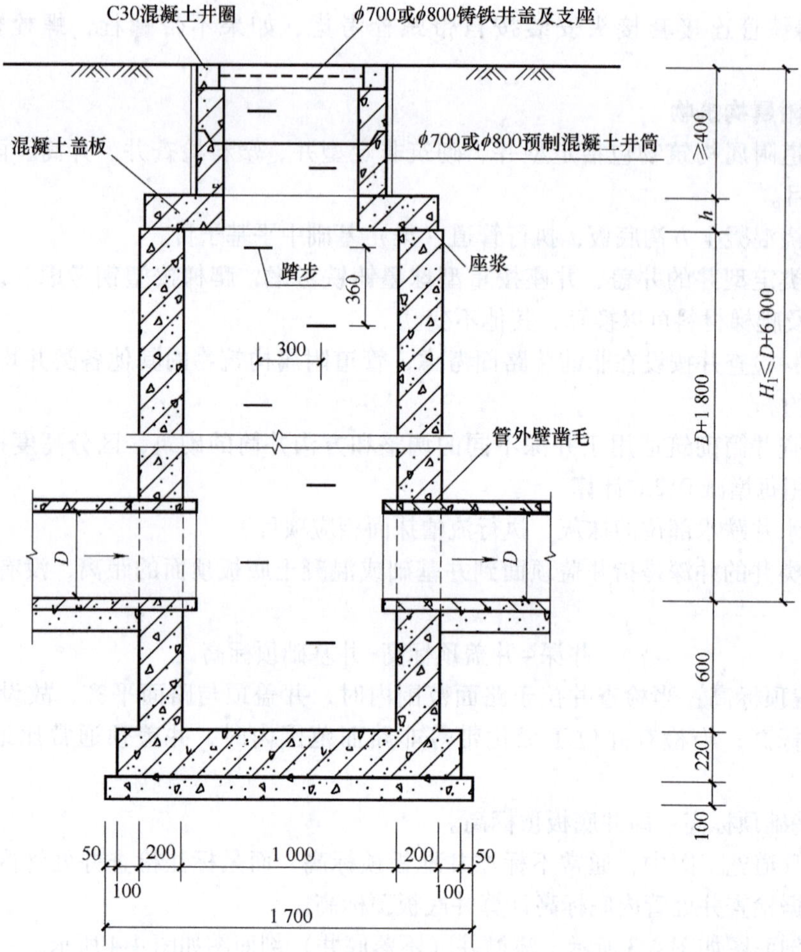

图 4-3 落底井剖面图

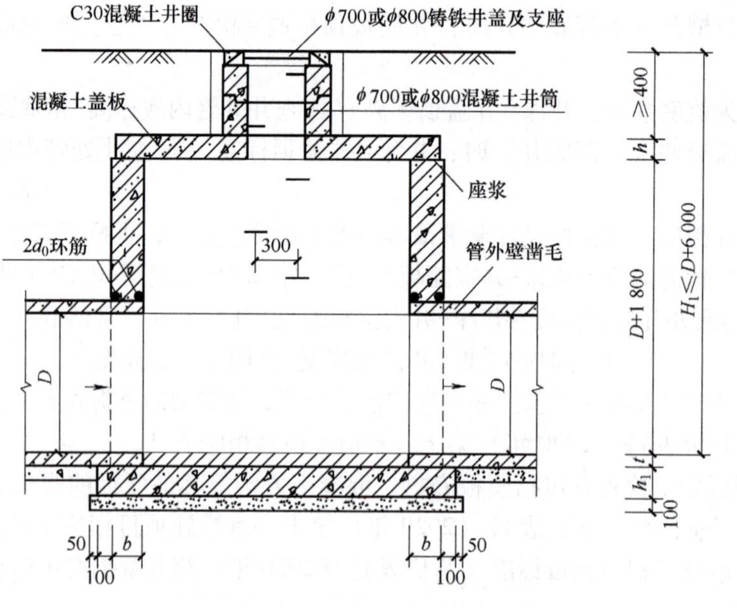

图 4-4 流槽井（不落底井）剖面图

4.2.2 管网消耗量标准工程量计算规则

1. 管道铺设

(1) 管道(渠)垫层和基础按设计图示尺寸以体积计算。

(2) 排水管道铺设工程量,按设计井中至井中的中心线长度扣除井的长度计算,见表 4-7。

管网工程消耗量
标准工程量计算规则

表 4-7 每座井扣除长度表

检查井规格/mm	扣除长度/m	检查井规格	扣除长度/m
φ700	0.4	各种矩形井	1
φ1 000	0.7	各种交汇井	1.2
φ1 250	0.95	各种扇形井	1
φ1 500	1.2	圆形跌水井	1.6
φ2 000	1.7	矩形跌水井	1.7
φ2 500	2.2	阶梯式跌水井	按实扣

【例 4-2】 某管道平面图如图 4-5 所示,已知 Y1、Y2 为矩形检查井 1 500mm×1 200mm,Y3、Y4 为圆形检查井 φ2 500mm,试计算该段管道铺设的工程量。

图 4-5 某管道平面图

解:φ800 管道铺设工程量 = $50.3 - \frac{2.2}{2} - \frac{2.2}{2} = 48.1$ (m)

φ600 管道铺设工程量 = $30.4 + 20.5 - \frac{1}{2} - 1 - \frac{2.2}{2} = 48.3$ (m)

(3) 给水、燃气与集中供热管道铺设工程量按设计管道中心线长度计算(支管长度从主管中心开始计算到支管末端交接处的中心),不扣除管件、阀门、法兰、补偿器所占的长度。

(4) 水平定向钻的钻导向孔及扩孔工程量按两个工作坑之间的水平长度计算,回拖布管工程量按钻导向孔长度加 1.5m 计算。

(5) 顶管工程:

1) 各种材质管道的顶管工程量,按设计顶进长度,以延长米计算。

2) 顶管接口应区分接口材质分别以实际接口的个数或断面积计算。

3) 顶管管壁注浆工程量,按实际注浆量,以立方米计算。

(6) 新旧管连接时,管道安装工程量计算到碰头的阀门处,阀门及与阀门相连的承(插)盘短管、法兰盘的安装均包括在新旧管连接内,不再另计。

(7) 混凝土排水管道接口区分管径和做法,以实际接口个数计算。

(8) 方沟闭水试验的工程量,按实际闭水长度乘以断面积以体积计算;管道闭水试验,以实际闭水长度计算,不扣除各种井所占长度。

【例4-3】 试计算【例4-2】中管道闭水试验工程量。

解：管道闭水试验工程量=30.4+20.5+50.3=101.2（m）

（9）管道试验、吹扫的工程量均按设计管道中心线长度计算，不扣除管件、阀门、法兰、补偿器等所占的长度。

（10）井、池渗漏试验，按井、池容量以体积计算。

（11）防水工程：

1）各种防水层按设计图示尺寸以面积计算，不扣除 0.3m² 以内孔洞所占面积。

2）平面与立面交接处的防水层，上卷高度超过 500mm 时，按立面防水层计算。

（12）警示（示踪）带均按管道延长米计算。

（13）电火花检测按管道延长米计算。

2. 管件、阀门及附件安装

（1）管件安装按设计图示数量以"个"计算。

（2）水表、分水栓、马鞍卡子安装按设计图示数量以"组"计算。

（3）预制钢套钢复合保温管外套管接口制作安装按接口数量以"个"计算。

（4）法兰、阀门安装按设计图示数量以"个"计算。

（5）阀门水压试验按实际发生数量以"个"计算。

（6）设备、容器具安装按设计数量以"个"计算。

（7）挖眼接管以支管管径为准，按接管数量以"个"计算。

3. 管道附属构筑物

（1）各类定型井按设计图示数量以"座"计算。

（2）非定型井各项目的工程量按设计图示尺寸计算，其中：

1）砌筑按体积计算，扣除管道所占体积。

2）抹灰、勾缝按面积计算，扣除管道所占面积。

3）井壁（墙）凿洞按实际凿洞面积计算。

（4）塑料检查井按设计图示数量以"座"计算。

（5）井深及井筒调增按实际发生数量计算。

（6）管道连接井区分管径，以"座"为计量单位计算。

4.2.3 管网消耗量标准工程量计算方法

【例4-4】 请完成【例4-1】清单项目的组价工程量的计算并列项。

解：1. 混凝土雨水管组价工程量的计算：

（1）管道平基：0.91×0.1×(20−0.95×1)=1.73（m³）

（2）管座：(0.175−0.91×0.1×1)×(20−0.95×1)=1.6（m³）

（3）雨水管道：20−0.95×1=19.05（m）

（4）闭水试验：20m

2. 混凝土雨水检查井组价工程量的计算：

雨水检查井：2座

则该工程清单项目组价工程量列项见表4-8。

管网工程消耗量标准工程量计算实例

表 4-8　某排水工程清单项目组价工程量列项

序号	消耗量标准编号	项目名称	单位	工程量
1	D5-9	混凝土平基 混凝土	10m³	0.17
2	D5-10	混凝土管座	10m³	0.16
3	D5-19	D600 预应力混凝土管安装（胶圈接口）	100m	0.19
4	D5-785	管径 600mm 以内管道闭水试验	100m	0.20
5	D5-1748	混凝土雨水检查井（井径 1250mm，适用管径 600~800mm，井深 2.4m 以内）	座	2

任务 3　管网工程清单综合单价的计算

1. 管道铺设

（1）在沟槽土基上直接铺设混凝土管道时，人工、机械乘以系数 1.18。

（2）在横撑间距≤3m 的支撑下铺设管道的，人工、机械乘以系数 1.33。

（3）套管内的管道铺设按管道铺设相应管道安装子目执行，人工、机械乘以系数 1.2。

（4）水平定向钻：

1）钻进及扩孔已综合一、二、三类土质情况，如穿越四类土、极软岩和软岩时，按相应子目乘以系数 1.33；较软岩、较硬岩等级岩石层时，按相应子目乘以系数 1.67。

2）单次穿越长度小于 50m 或大于 300m 时，人工、机械乘以系数 1.3。

（5）顶管工程：

1）工作坑和接收坑的基础、底板、坑壁等项目执行《湖南省市政工程消耗量标准（基价表）》（2020 年）第六章水处理工程沉井制作相关子目，人工乘以系数 1.1。

2）人工开挖工作坑土方执行管道铺设相应子目，机械开挖执行《湖南省市政工程消耗量标准（基价表）》（2020 年）第一章土石方工程相应子目乘以系数 1.2；石方开挖均按《湖南省市政工程消耗量标准（基价表）》（2020 年）第一章土石方工程相应子目执行。

3）封闭式顶进已综合一、二、三类土土质情况，如穿越四类土、极软岩和软岩时，按相应子目乘以系数 1.33；较软岩、较硬岩等级岩石层时，按相应子目乘以系数 1.67。

4）单位工程敞开式顶进 100m 以内、封闭式顶进 50m 以内的，相应项目人工、机械乘以系数 1.3。

5）顶管采用中继间顶进时，顶进内容中的人工、机械按调整系数分级计算，见表 4-9。

表 4-9　中继间顶进调整系数表

中继间顶进分级	一级顶进	二级顶进	三级顶进	四级顶进	五级顶进
人工、机械费调整系数	1.36	1.64	2.15	2.8	另计

6）混凝土管顶进采用工具管的，工具管的安拆执行中继间安拆子目，人工、机械乘以系数 0.8，工具管的制作，执行顶管钢板套环制作子目。

（6）钢丝网水泥砂浆抹带接口按管座 120°和 180°编制。如管座角度为 90°和 135°，按管座120°内容分别乘以系数1.33和0.89。

（7）新旧管道连接、闭水试验、试压、消毒冲洗、井、池渗漏试验不包括排水工作内容，排水应按批准的施工组织设计另行计算。管道试压如发生二次或二次以上的试压时，套用相应子目人工、机械乘以系数0.5。

2. 管件、阀门及附件安装

（1）燃气法兰安装以低、中压考虑，次高压和高压、超高压法兰安装执行相应项目时，人工乘以系数1.2。法兰安装中的垫片均按石棉橡胶板考虑，如与实际不符时，可按实调整。法兰单片安装时，乘以系数0.61，垫片、螺栓数量不变。

（2）燃气阀门安装时以中压考虑，次高压和高压、超高压阀门安装执行相应子目时，人工乘以系数1.2。

（3）各种法兰、阀门安装，子目中只包括一个垫片，不包括螺栓。螺栓数量按设计计算确定。燃气次高压和高压、超高压法兰安装执行相应子目，人工乘以系数1.2。

3. 管道附属构筑物

（1）管道附属构筑物各类定型井按《市政给水管道工程及附属设施》（07MS101）、《市政排水管道工程及附属设施》（06MS201）编制，设计要求不同时，砌筑井执行管道附属构筑物砌筑非定型井相应项目，非定型混凝土井执行《市政工程工程量计算规范》（GB 50857—2013）第六章水处理工程中现浇钢筋混凝土池底板、池壁、盖板及措施项目等相应子目，人工乘以系数1.1。

（2）拱（弧）形混凝土盖板的安装，执行矩形板子目人工、机械乘以系数1.15。

（3）抹灰项目适用于井内侧抹灰，井外壁抹灰时执行井内侧抹灰相应项目，人工乘以系数0.8，其他不变。

（4）石砌井执行非定型井相应项目，石砌体按块石考虑。采用片石或平石时，项目中的块石和砂浆用量分别乘以系数1.09和1.19，其他不变。

【例4-5】请结合【例4-1】~【例4-4】确定混凝土雨水管道（胶圈接口）的综合单价。（D600预应力混凝土管（胶圈接口）的除税单价为125元/m，其他材料单价，均按消耗量标准子目中的单价取用）

解：根据【例4-1】和【例4-2】可列出此分部分项工程工程量清单，见表4-10。

表4-10 混凝土的水管道工程

序号	项目编码	项目名称	项目特征描述	单位	工程量
1	040501001001	混凝土雨水管	1. 垫层、基础材质及厚度：120°的C15混凝土基础 2. 规格：D600 3. 接口方式：胶圈接口 4. 铺设深度：2m以内 5. 管道检验及试验要求：闭水试验	m	20
	D5-9	混凝土平基 混凝土		10m³	0.17
	D5-10	混凝土管座		10m³	0.16

（续）

序号	项目编码	项目名称	项目特征描述	单位	工程量
	D5-19	D600预应力混凝土管安装（胶圈接口）		100m	0.19
	D5-785	管径600mm以内管道闭水试验		100m	0.20

根据案例背景，结合消耗量标准说明及综合单价计算方法，混凝土雨水管道（胶圈接口）综合单价计算过程如下：

1. 查表4-12中的D5-9，每10m³的混凝土平基费用：人工费为842.50×1=842.50元，材料费为5 421.67元，机械费为13.00×0.92=11.96元（根据《关于机械费调整及有关问题的通知》机械需要乘以调整系数0.92），基价（人、材、机合计）为6 276.13元，企业管理费=直接费（人、材、机合计）×6.8%=6 276.13×6.8%=426.78元。

利润=直接费（人、材、机合计）×6%=6 276.13×6%=376.57（元）

合计=人工费+材料费+机械费+企业管理费+利润=6 276.13+426.78+376.57=7 079.48（元）

分别乘以组价工程量0.17，可得：

人工费=842.50×0.17=143.23（元）

材料费=5 421.67×0.17=921.68（元）；机械费=11.96×0.17=2.03（元）

企业管理费=426.78×0.17=72.55（元） 利润=387.51×0.17=65.88（元）

合计=7 079.48×0.17=1 203.51（元）

2. 查表4-13中的D5-10，每10m³的混凝土管座费用：人工费为995.00×1=995.00元，材料费为5 451.57元，机械费为13.00×0.92=11.96元，基价（人、材、机合计）为6 458.53元，企业管理费=直接费（人、材、机合计）×6.8%=6 458.53×6.8%=439.18元。

利润=直接费（人、材、机合计）×6%=6 458.53×6%=387.51（元）

合计=人工费+材料费+机械费+企业管理费+利润=6 458.53+439.18+387.51=7 285.22（元）

分别乘以组价工程量0.16，可得：

人工费=995.00×0.16=159.20（元）

材料费=5 451.57×0.16=872.25（元）；机械费=11.96×0.16=1.91（元）

企业管理费=439.18×0.16=70.27（元）；利润=387.51×0.16=62.00（元）

合计=7 285.22×0.16=1 165.64（元）

3. 查表4-14的D5-19，每100m的D600预应力混凝土管安装（胶圈接口）费用：人工费为4 965.00×1=4 965.00元，材料费为19.37+125×101=12 644.37元，机械费为985.58×0.92=906.73元，基价（人、材、机合计）为4 965.00+12 644.37+906.73=18 516.10元，企业管理费=直接费（人、材、机合计）×6.8%=18 516.10×6.8%=1 259.09元；利润=直接费（人、材、机合计）×6%=18 516.10×6%=1 110.97元。

合计=人工费+材料费+机械费+企业管理费+利润=18 516.10+1 259.09+1 110.97=20 886.16（元）

分别乘以组价工程量0.19，可得：

人工费=4 965.00×0.19=943.35（元）

材料费=12 644.37×0.19=2 402.43（元）；机械费=906.73×0.19=172.28（元）

企业管理费=1 259.09×0.19=239.23（元）；利润=1 110.97×0.19=211.08（元）

合计=20 886.16×0.19=3 968.37（元）

4. 查表4-15的D5-785，每100m的管径600mm以内管道闭水试验费用：人工费为381.88×1=381.88元，材料费为304.77元，机械费为0元，基价（人、材、机合计）为686.65元，企业管理费=直接费（人、材、机合计）×6.8%=686.65×6.8%=46.69元。

利润=直接费（人、材、机合计）×6%=686.65×6%=41.20（元）

合计=人工费+材料费+机械费+企业管理费+利润=686.65+46.69+41.20=774.54（元）

分别乘以组价工程量0.2，可得：

人工费=381.88×0.2=76.38（元）

材料费304.77×0.2=60.95（元）；机械费=0（元）

企业管理费=46.69×0.2=9.34（元）；利润=41.20×0.2=8.24（元）

合计=774.54×0.2=154.91（元）

清单综合单价=(1 203.51+1 165.64+3 968.37+154.91)÷20=6 492.43÷20=324.62(元/m)

综合以上计算，其各项结果见表4-11~表4-15。

表4-11 综合单价分析表

工程名称：道路、管网、市政排水设施维护、综合管廊、水处理工程。　　　　标段：

第　页　共　页

清单编码	040501001001	项目名称		混凝土管	计量单位	m	数量	20	综合单价	324.62

消耗量标准编号	项目名称	单位	数量	单价/元				管理费 6.8%	其他管理费 2%	利润 6%	合价/元
				合计（直接费）	人工费	材料费	机械费				
D5-9	管道（渠）垫层及基础 混凝土 平基 混凝土	10m³	0.17	6 276.13	842.5	5 421.67	11.96	72.55		64.02	1 203.51
D5-10	管道（渠）垫层及基础 混凝土 管座	10m³	0.16	6 458.53	995	5 451.57	11.96	70.27		62	1 165.64
D5-19	预应力（自应力）混凝土管安装（胶圈接口）公称直径（cm以内）600	100m	0.19	18 516.1	4 965	12 644.37	906.73	239.23		211.08	3 968.37
D5-785	管道闭水试验管径（mm以内）600	100m	0.2	686.65	381.88	304.77		9.34		8.24	154.91
	累计/元			5 755.7	1 322.15	4 257.32	176.23	391.39		345.34	6 492.43

表 4-12 基础

工作内容：混凝土浇筑、捣固、抹平、养护等。　　　　　　　　　计量单位：10m³

编号				D5-8	D5-9
项目				混凝土平基	
				毛石混凝土	混凝土
基价/元				5 671.05	6 277.17
其中	人工费			642.50	842.50
	材料费			5 018.91	5 421.67
	机械费			9.64	13.00
	名称	单位	单价	数量	
材料	块石	m³	158.34	2.43	—
	商品混凝土（砾石）C15	m³	525.72	8.67	10.150
	水	t	4.39	0.45	1.250
	其他材料费	元	1.00	74.171	80.123
机械	混凝土振动器平板式	台班	11.22	0.430	0.580
	混凝土振动器插入式	台班	11.19	0.430	0.580

表 4-13 混凝土管座

工作内容：混凝土浇筑、捣固、抹平、养护等。　　　　　　　　　计量单位：10m³

编号				D5-10	D5-11
项目				混凝土管座	满包混凝土加固
基价（元）				6 459.57	6 240.89
其中	人工费			995.0	780.00
	材料费			5 451.57	5 447.91
	机械费			13.00	12.98
	名称	单位	单价	数量	
材料	商品混凝土（砾石）C15	m³	525.72	10.150	10.150
	水	t	4.39	7.960	7.140
	其他材料费	元	1.00	80.565	80.511
机械	混凝土振动器平板式	台班	11.22	0.580	—
	混凝土振动器插入式	台班	11.19	0.580	1.160

表 4-14 管道铺设
预应力（自应力）混凝土管安装（胶圈接口）

工作内容：检查及清扫管材、管道安装、上胶圈、对口、调直。　　　　计量单位：100m

编号		D5-19	D5-20
项目		公称直径（mm 以内）	
		600	800
基价/元		5 969.95	8 378.40
其中	人工费	4 965.00	6 755.00
	材料费	19.37	25.33
	机械费	985.58	1 598.07

(续)

	名称	单位	单价	数量	
材料	预应力混凝土管	m	—	101.00	101.00
	润滑油	kg	7.34	2.600	3.400
	其他材料费	元	1.00	0.286	0.374
机械	汽车式起重机 8t	台班	964.18	0.866	—
	汽车式起重机 12t	台班	1 131.25	—	1.248
	载重汽车 8t	台班	566.16	0.266	0.329

表 4-15　管道闭水试验

工作内容：调制砂浆、砌堵、抹灰、注水、排水、拆堵、清理现场等。　　　计量单位：100m

	编号			D5-784	D5-785
	项目			管径（mm 以内）	
				400	600
	基价/元			374.30	686.65
其中	人工费			231.25	381.88
	材料费			143.05	304.77
	机械费			—	—
	名称	单位	单价	数量	
材料	标准砖 240×115×53	千块	579.15	0.073	0.165
	水泥 42.5 水泥砂浆 M7.5	m³	288.96	0.036	0.07
	水泥砂浆 1:2	m³	585.12	0.006	0.014
	镀锌铁丝 φ3.5	kg	5.35	0.680	0.680
	焊接钢管 DN40	kg	4.17	0.115	0.115
	橡胶软管 DN50	m	9.87	1.500	1.500
	水	t	4.39	14.994	35.847
	其他材料费	元	1.00	2.114	4.504

任务 4　管网工程清单计价文件的编制实例

　　长沙市某道路，道路位于××科技产业园片区与圭塘河相交，起讫桩号为 K0+300～K0+440。该段道路雨水纵断面如图 4-6 所示，污水纵断面如图 4-7 所示，雨水检查井为非定型混凝土井，如图 4-8 所示，污水检查井采用定型混凝土井（圆形污水混凝土检查井，井径 1 250mm 适用管径 600～800mm，井深 3.1m 以内），试编制该段道路雨污水主管道及检查井的招标控制价文件（不含土方工程，不考虑夜间施工增加费、压缩工期措施增加费、已完工程及设备保护费等）。（本工程施工期为 2021 年 2 月，材料价格参考《长沙建设造价》2021 年 2 月，暂列金额 15 万元）

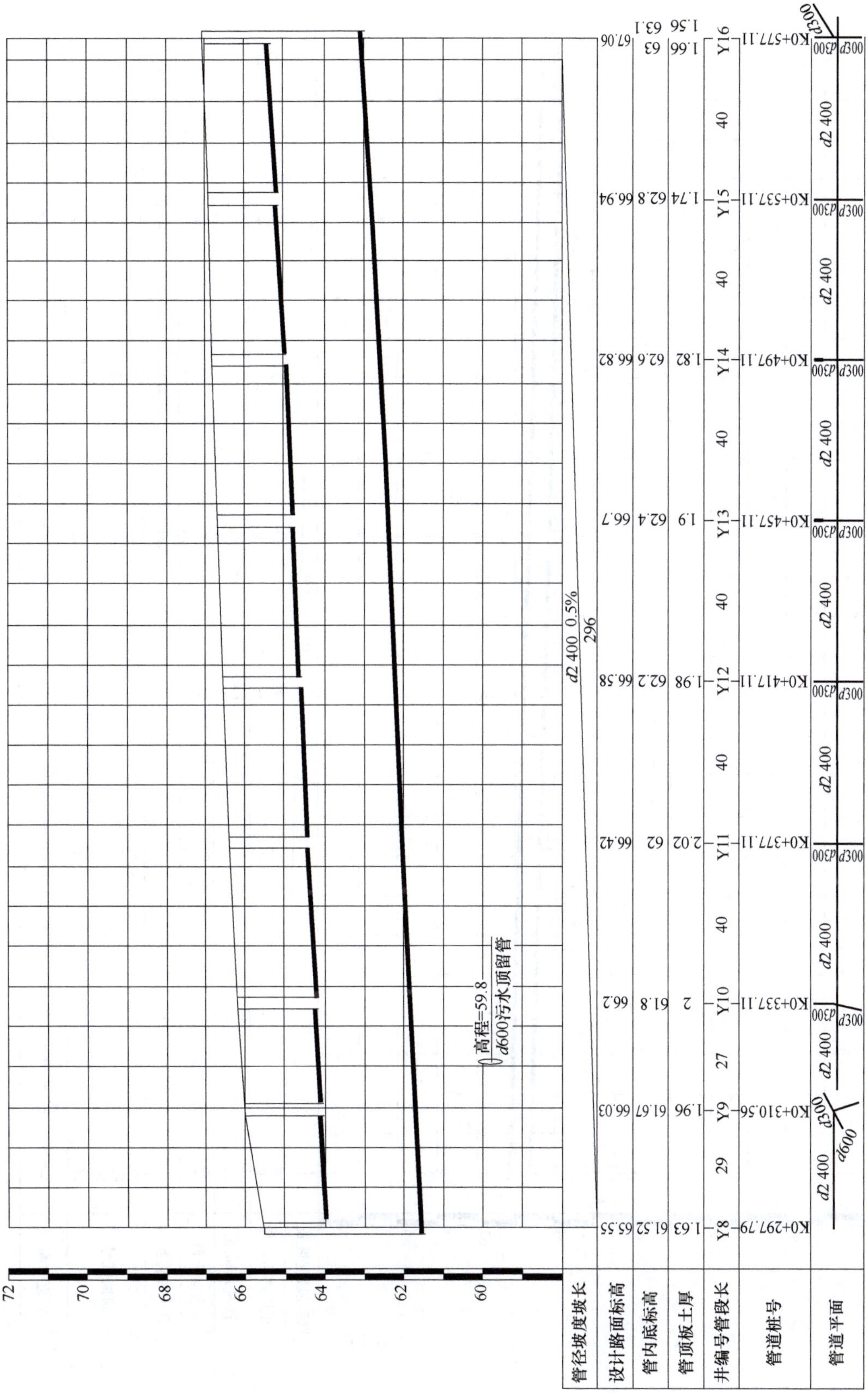
管径坡度坡长
设计路面标高
管内底标高
管顶板土厚
井编号管段长
管道桩号
管道平面
d2 400 0.5%
296
高程=59.8
d600污水顶留管
Y8
Y9
Y10
Y11
Y12
Y13
Y14
Y15
Y16
K0+297.79
K0+310.56
K0+337.11
K0+377.11
K0+417.11
K0+457.11
K0+497.11
K0+537.11
K0+577.11
65.55
66.03
66.2
66.42
66.58
66.7
66.82
66.94
67.06
61.52
61.67
61.8
62
62.2
62.4
62.6
62.8
63
63.1
1.63
1.96
2
2.02
1.98
1.9
1.82
1.74
1.66
1.56
29
27
40
d2 400
d300
d600
72
70
68
66
64
62
60

图 4-6　雨水纵断面图

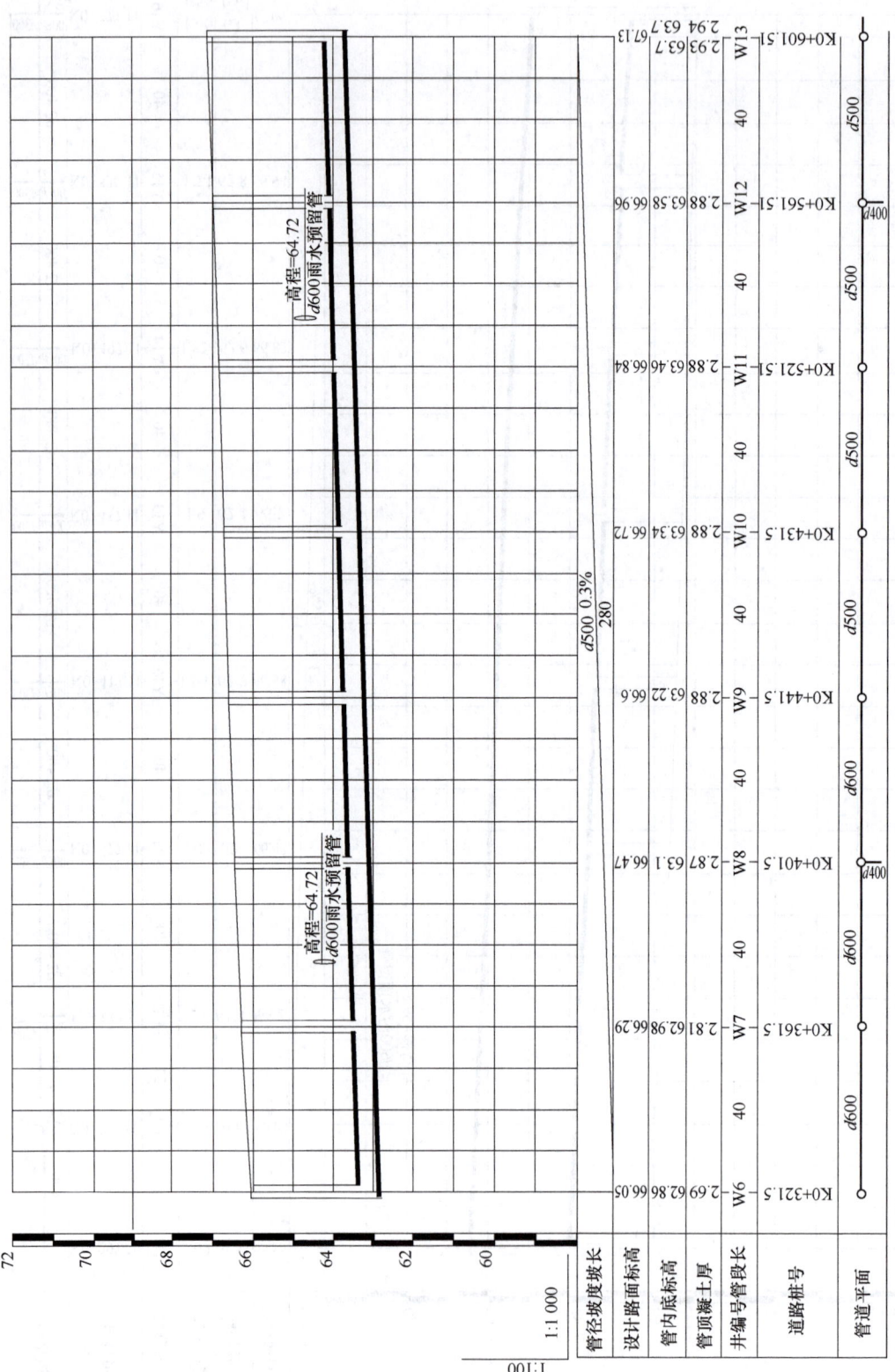

图 4-7 污水纵断面图

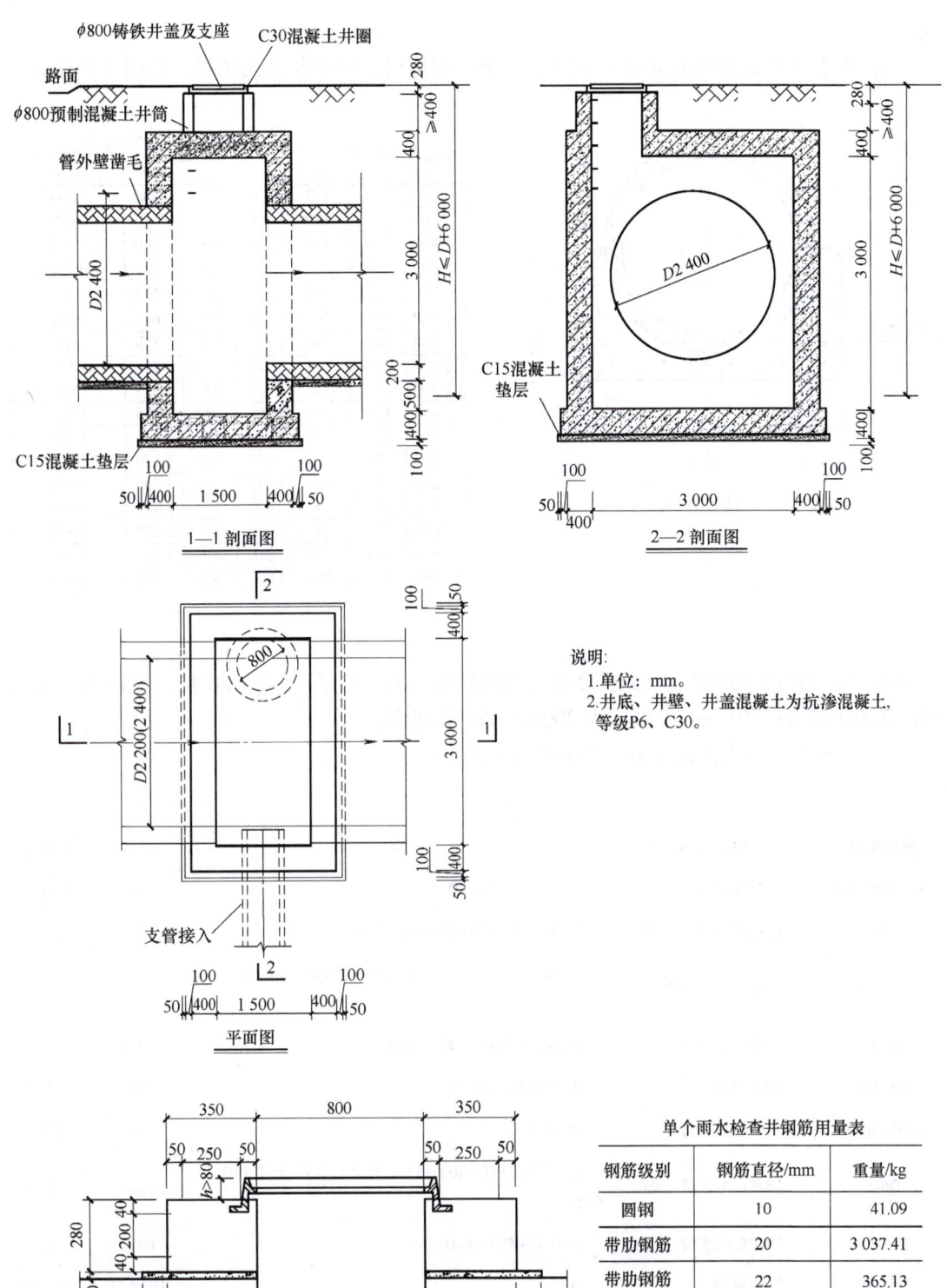

图4-8 雨水检查井

说明：

（1）雨水管道采用钢筋混凝土企口管，橡胶圈接口，180°混凝土基础，如图4-9所示。

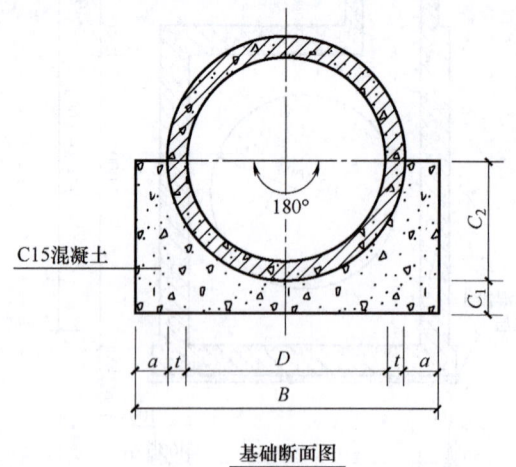

管内径 D	管壁厚 t	管基尺寸				基础混凝土量 /(m³/m)
		a	B	C_1	C_2	
600	55	110	930	110	355	0.234
700	60	120	1 060	120	410	0.298
800	70	140	1 220	140	470	0.397
900	75	150	1 350	150	525	0.478
1 000	85	170	1 510	170	585	0.602
1 100	95	190	1 670	190	645	0.741
1 200	100	200	1 800	200	700	0.850
1 350	115	230	2 040	230	790	1.100
1 500	125	250	2 250	250	875	1.329
1 650	140	280	2 490	280	965	1.637
1 800	150	300	2 700	300	1 050	1.913
2 000	170	340	3 020	340	1 170	2.410
2 200	185	370	3 310	370	1 285	2.884
2 400	200	400	3 600	400	1 400	3.401
2 600	220	440	3 920	440	1 520	4.054
2 800	235	470	4 210	470	1 635	4.663
3 000	250	500	4 500	500	1 750	5.314

图 4-9

（2）污水管道采用中空壁高密度聚乙烯缠绕管（HDPE 管），电熔连接，宽度为（管道直径+2×0.003 5+200）mm，厚度为 200mm 的中粗砂基础。

解： 工程量计算表见表4-16，措施项目见附录 C。

表 4-16 工程计算表

项目编码	项目名称	计算式	单位	工程量
040501001001	混凝土雨水管	29+27+40+40+40	m	176
D5-9	混凝土雨水管平基	3.6×0.4×[（29+27+40+40+40）−5×1]	10m³	24.62
D5-10	混凝土雨水管座	(3.401−3.6×0.4×1)×[（29+27+40+40+40）−5×1]	10m³	33.53
D5-39	混凝土雨水管	（29+27+40+40+40）−5×1	100m	1.71
D5-795	闭水试验	29+27+40+40+40	100m	1.76
040501004001	HDPE 污水管	40+40+40	m	120
D5-1	HDPE 污水管基础	0.2×[（40+40+40）−3×0.95]×(0.6+2×0.003 5+0.2)	10m³	1.89
D5-258	HDPE 污水管	（40+40+40）−3×0.95	100m	1.17
D5-265	管道接口	117/6	10 个口	1.95
D5-785	闭水试验	40+40+40	100m	1.20
040504002001	定型混凝土污水检查井	4	座	4

（续）

项目编码	项目名称	计算式	单位	工程量
D5-1755	定型混凝土污水检查井	4	座	4
040504002002	非定型混凝土雨水检查井	6	座	6
D5-5	非定型混凝土雨水检查井垫层	(1.5+0.4×2+0.1×2+0.05×2)×(3+0.4×2+0.1×2+0.05×2)×0.1×6	10m³	0.64
D6-44 换	非定型混凝土雨水检查井池底	(1.5+0.4×2+0.1×2)×(3+0.4×2+0.1×2)×(0.9-0.5)×6	10m³	2.4
D6-56 换	非定型混凝土雨水检查井池壁	{[(3+0.2+0.5)×(3+0.2×2)-3.14×(2.8÷2)²]×0.4×2+(3+0.2+0.5)×(1.5+0.2×2)×0.4×2}×6	10m³	6.46
D6-73 换	非定型混凝土雨水检查井池盖	[(1.5+0.4×2)×(3+0.4×2)-3.14×(0.8÷2)²]×0.4×6	10m³	1.98
D5-1898	井圈	2×3.14×(0.8÷2+0.35÷2)×0.35×0.28×6	10m³	0.21
D5-1913	增加井筒	0.4×6	m	2.4
D5-1901	井盖井座（铸铁）	6	10套	0.6
040901001001	钢筋（圆钢直径10mm以内）	(41.09×6)÷1 000	t	0.247
D9-1	钢筋（圆钢直径10mm以内）	(41.09×6)÷1 000	t	0.247
040901001002	钢筋（带肋钢筋直径10mm以外）	(3 037.41+365.13)×6÷1 000	t	20.415
D9-4	钢筋（带肋钢筋直径10mm以外）	(3 037.41+365.13)×6÷1 000	t	20.415
041102002001	混凝土雨水管基础模板	1.8×(29+27+40+40+40)×2	m²	633.6
D11-149	混凝土雨水管基础模板	1.8×[(29+27+40+40+40)-5×1]×2	10m²	61.56
041102002002	非定型混凝土雨水检查井垫层模板	[(1.5+0.4×2+0.1×2+0.05×2)+(3+0.4×2+0.1×2+0.05×2)]×2×0.1×6	m²	8.04
D11-101	非定型混凝土雨水检查井垫层模板	[(1.5+0.4×2+0.1×2+0.05×2)+(3+0.4×2+0.1×2+0.05×2)]×2×0.1×6	10m²	0.8
041102034001	非定型混凝土雨水检查井池底模板	[(1.5+0.4×2+0.1×2)+(3+0.4×2+0.1×2)]×2×(0.9-0.5)×6	m²	31.2
D11-104 换	非定型混凝土雨水检查井池底模板	[(1.5+0.4×2+0.1×2)+(3+0.4×2+0.1×2)]×2×(0.9-0.5)×6	10m²	3.12

（续）

项目编码	项目名称	计算式	单位	工程量
041102033001	非定型混凝土雨水检查井池壁模板	$\{[(1.5+0.2\times2)+(3+0.2\times2)]\times2\times(3+0.2+0.5)\times2-2\times3.14\times(2.8\div2)^2\}\times6$	m^2	396.78
D11-107 换	非定型混凝土雨水检查井池壁模板	$\{[(1.5+0.2\times2)+(3+0.2\times2)]\times2\times(3+0.2+0.5)\times2-2\times3.14\times(2.8\div2)^2\}\times6$	$10m^2$	39.68
041102033001	非定型混凝土雨水检查井池盖模板	$\{(1.5+0.4\times2)\times(3+0.4\times2)-3.14\times(0.8\div2)^2+3.14\times0.8\times0.4+[(1.5+0.4\times2)+(3+0.4\times2)]\times2\times0.4\}\times6$	m^2	84.73
D11-110 换	非定型混凝土雨水检查井池盖模板	$\{(1.5+0.4\times2)\times(3+0.4\times2)-3.14\times(0.8\div2)^2+3.14\times0.8\times0.4+[(1.5+0.4\times2)+(3+0.4\times2)]\times2\times0.4\}\times6$	$10m^2$	8.47
041102021001	井圈模板	$2\times3.14\times(0.8\div2+0.35\div2)\times2\times0.28 2\times3.14\times(0.8\div2+0.35\div2)\times2\times0.28\times6$	m^2	12.36
D11-155	井圈模板	$2\times3.14\times(0.8\div2+0.35\div2)\times2\times0.28 2\times3.14\times(0.8\div2+0.35\div2)\times2\times0.28\times6$	$10m^2$	1.24
041101005001	井字架	6+4	座	10
D11-181	井字架	6+4	座	10

项目 5　市政桥涵工程计量与计价

知识要点

1. 市政桥涵工程清单工程量计算规则、计算方法。
2. 市政桥涵工程组价工程量计算规则。
3. 市政桥涵工程消耗量标准的套用和换算。

学习目标

1. 掌握市政桥涵工程工程量清单编制方法。
2. 掌握市政桥涵工程组价工程量的计算方法。
3. 掌握市政桥涵工程清单综合单价的计算方法。
4. 掌握市政桥涵工程清单计价文件的编制方法。

素养目标

1. 培养精益求精、精准计量的工匠精神。
2. 培养实事求是、遵循实际的职业素养。
3. 培养能够联系学过的施工、招投标等课程的联系观。

任务 1　桥涵工程清单工程量的计算

5.1.1　桥涵工程清单工程量概述

桥涵工程分部分项工程量清单应根据《市政工程工程量计算规范》(GB 50857—2013)中附录 C 桥涵工程规定的同一项目编码、项目名称、项目特征、计量单位和工程量计算规则编制。

桥涵工程分部分项工程量清单编制还应根据招标文件的有关要求，桥涵工程施工图设计文件和施工现场条件等综合因素确定。一般一个完整的桥涵工程分部分项工程量清单，应至少包含《市政工程工程量计算规范》(GB 50857—2013)中附录 A 土石方工程、附录 C 桥涵工程的有关清单项目，还可能涉及附录 B 道路工程、附录 J 钢筋工程、附录 K 拆除工程中的有关项目。

5.1.2 桥涵工程项目列项及计算规则

《市政工程工程量计算规范》(GB 50857—2013)附录C桥涵工程中,设置了9小节105个清单项目,9小节包括桩基040301、基坑与边坡防护040302、现浇混凝土构件040303、预制混凝土构件040304、砌筑040305、立交箱涵040306、钢结构040307、装饰040308、其他040309。

1. 桩基

桩基工程量清单项目设置、项目特征、计量单位、工程量计算规则、工作内容,应按表5-1的规定执行。

表5-1 桩基(编号:040301)

项目编码	项目名称	项目特征	计量单位	工程量计算规则	工作内容
040301001	预制钢筋混凝土方桩	1. 地层情况 2. 送桩深度、桩长 3. 桩截面 4. 桩倾斜度 5. 混凝土强度等级	1. m 2. m^3 3. 根	1. 以米计量,按设计图示尺寸以桩长(包括桩尖)计算 2. 以立方米计量,按设计图示桩长(包括桩尖)乘以桩的断面积 3. 以根计量,按设计图示数量计算	1. 工作平台搭拆 2. 桩就位 3. 桩机移位 4. 沉桩 5. 接桩 6. 送桩
040301002	预制钢筋混凝土管桩	1. 地层情况 2. 送桩深度、桩长 3. 桩外径、壁厚 4. 桩倾斜度 5. 桩尖设置及类型 6. 混凝土强度等级 7. 填充材料种类			1. 工作平台搭拆 2. 桩就位 3. 桩机移位 4. 桩尖安装 5. 沉桩 6. 接桩 7. 送桩 8. 桩心填充
040301003	钢管桩	1. 地层情况 2. 送桩深度、桩长 3. 材质 4. 管径、壁厚 5. 桩倾斜度 6. 填充材料种类 7. 防护材料种类	1. t 2. 根	1. 以吨计量,按设计图示尺寸以质量计算 2. 以根计量,按设计图示数量计算	1. 工作平台搭拆 2. 桩就位 3. 桩机移位 4. 沉桩 5. 接桩 6. 送桩 7. 切割钢管、精割盖帽 8. 管内取土、余土弃置 9. 管内填芯、刷防护材料

(续)

项目编码	项目名称	项目特征	计量单位	工程量计算规则	工作内容
040301004	泥浆护壁成孔灌注桩	1. 地层情况 2. 空桩长度、桩长 3. 桩径 4. 成孔方法 5. 混凝土强度等级	1. m 2. m³ 3. 根	1. 以米计量，按设计图示尺寸以桩长（包括桩尖）计算 2. 以立方米计量，按不同截面在桩长范围内以体积计算 3. 以根计量，按设计图示数量计算	1. 工作平台搭拆 2. 桩机移位 3. 护筒埋设 4. 成孔、固壁 5. 混凝土制作、运输、灌注、养护 6. 土方、废浆外运 7. 打桩场地硬化及泥浆池、泥浆沟
040301005	沉管灌注桩	1. 地层情况 2. 空桩长度、桩长 3. 复打长度 4. 桩径 5. 沉管方法 6. 桩尖类型 7. 混凝土强度等级	1. m 2. m³ 3. 根	1. 以米计量，按设计图示尺寸以桩长（包括桩尖）计算 2. 以立方米计量，按不同截面在桩长范围内以体积计算 3. 以根计量，按设计图示数量计算	1. 工作平台搭拆 2. 桩机移位 3. 打（沉）拔钢管 4. 桩尖安装 5. 混凝土制作、运输、灌注、养护
040301006	干作业成孔灌注桩	1. 地层情况 2. 空桩长度、桩长 3. 桩径 4. 扩孔直径、高度 5. 成孔方法 6. 混凝土强度等级		1. 以米计量，按设计图示尺寸以桩长（包括桩尖）计算 2. 以立方米计量，按设计图示桩长（包括桩尖）乘以桩的断面积以体积计算 3. 以根计量，按设计图示数量计算	1. 工作平台搭拆 2. 桩机移位 3. 成孔、扩孔 4. 混凝土制作、运输、灌注、振捣、养护
040301007	挖孔桩土（石）方	1. 土（石）类别 2. 挖孔深度 3. 弃土（石）运距	m³	按设计图示尺寸（含护壁）截面积乘以挖孔深度以立方米计算	1. 排地表水 2. 挖土、凿石 3. 基底钎探 4. 土（石）方外运

（续）

项目编码	项目名称	项目特征	计量单位	工程量计算规则	工作内容
040301008	人工挖孔灌注桩	1. 桩芯长度 2. 桩芯直径、扩底直径、扩底高度 3. 护壁厚度、高度 4. 护壁材料种类、强度等级 5. 桩芯混凝土种类、强度等级	1. m³ 2. 根	1. 以立方米计量，按桩芯混凝土体积计算 2. 以根计量，按设计图示数量计算	1. 护壁制作、安装 2. 混凝土制作、运输、灌注、振捣、养护
040301009	钻孔压浆桩	1. 地层情况 2. 桩长 3. 钻孔直径 4. 骨料品种、直径 5. 水泥强度等级	1. m 2. 根	1. 以米计量，按设计图示尺寸以桩长计算 2. 以根计量，按设计图示数量计算	1. 钻孔、下注浆管、投放骨料 2. 浆液制作、运输、压浆
040301010	灌注桩后注浆	1. 注浆导管材料、规格 2. 注浆导管长度 3. 单孔注浆量 4. 水泥强度等级	孔	按设计图示以注浆孔数计算	1. 注浆导管制作、安装 2. 浆液制作、运输、压浆
040301011	截桩头	1. 桩类型 2. 桩头截面、高度 3. 混凝土强度等级 4. 有无钢筋	1. m³ 2. 根	1. 以立方米计量，按设计桩截面乘以桩头长度以体积计算 2. 以根计量，按设计图示数量计算	1. 截桩头 2. 凿平 3. 废料外运
040301012	声测管	1. 材质 2. 规格型号	1. t 2. m	1. 按设计图示尺寸以质量计算 2. 按设计图示尺寸以长度计算	1. 检测管截断、封头 2. 套管制作、焊接 3. 定位、固定

注：1. 地层情况按表2-2和表2-6的规定，并根据岩土工程勘察报告按单位工程各地层所占比例（包括范围值）进行描述。对无法准确描述的地层情况，可注明由投标人根据岩土工程勘察报告自行决定报价。
2. 各类混凝土预制桩以成品桩考虑，应包括成品桩购置费，如果用现场预制，应包括现场预制桩的所有费用。
3. 项目特征中的桩截面、混凝土强度等级、桩类型等可直接用标准图代号或设计桩型进行描述。
4. 打实验桩和斜桩应按相应项目编码单独列项，并应在项目特征中注明实验桩或斜桩（斜率）。
5. 项目特征中的桩长应包括桩尖，空桩长度=孔深-桩长，孔深为自然地面至设计桩底的深度。
6. 泥浆护壁成孔灌注桩是指在泥浆护壁条件下成孔，采用水下灌注混凝土的桩。其成孔方法包括冲击钻成孔、冲抓锥成孔、回旋钻成孔、潜水钻成孔、泥浆护壁的旋挖成孔等。
7. 沉管灌注桩的沉管方法包括捶击沉管法、振动冲击沉管法、内夯沉管法等。
8. 干作业成孔灌注桩是指不用泥浆护壁和套管护壁的情况下，用钻机成孔后，下钢筋笼，灌注混凝土的桩，适用于地下水位以上的土层使用。其成孔方法包括螺旋钻成孔、螺旋钻成孔扩底、干作业的旋挖成孔等。
9. 混凝土灌注桩的钢筋笼制作、安装，按《市政工程工程量计算规范》（GB 50857—2013）附录J钢筋工程中相关项目编码。
10. 本表的工作内容未含桩基础的承载力检测、桩身完整性检测。

2. 基坑与边坡支护

基坑与边坡支护工程量清单项目设置、项目特征、计量单位、工程量计算规则、工作内容，应按表 5-2 的规定执行。

表 5-2 基坑与边坡支护（编码：040302）

项目编码	项目名称	项目特征	计量单位	工程量计算规则	工作内容
040302001	圆木桩	1. 地层情况 2. 桩长 3. 材质 4. 尾径 5. 桩倾斜度	1. m 2. 根	1. 以米计量，按设计图示尺寸以桩长（包括桩尖）计算 2. 以根计量，按设计图示数量计算	1. 工作平台搭拆 2. 桩机移位 3. 桩制作、运输、就位 4. 桩靴安装 5. 沉桩
040302002	预制钢筋混凝土板桩	1. 地层情况 2. 送桩长度、桩长 3. 桩截面积 4. 混凝土强度	1. m^3 2. 根	1. 以立方米计量，按设计图示尺寸以桩长（包括桩尖）乘以桩的断面积计算 2. 以根计量，按设计图示数量计算	1. 工作平台搭拆 2. 桩就位 3. 桩机移位 4. 沉桩 5. 接桩 6. 送桩
040302003	地下连续墙	1. 地层情况 2. 导墙类型、截面 3. 墙体厚度 4. 成槽深度 5. 混凝土类别、强度等级 6. 接头形式	m^3	按设计图示墙中心线长乘以厚度乘以槽深，以体积计算	1. 导墙挖填、制作、安装、拆除 2. 挖土成槽、固壁、清底置换 3. 混凝土制作、运输、灌注、养护 4. 接头处理 5. 土方、废浆外运 6. 打桩场地硬化及泥浆池、泥浆沟
040302004	咬合灌注桩	1. 地层情况 2. 桩长 3. 桩径 4. 混凝土类别、强度等级 5. 部位	1. m 2. 根	1. 以米计量，按设计图示尺寸以桩长计算 2. 以根计量，按设计图示数量计算	1. 桩机移位 2. 成孔、固壁 3. 混凝土制作、运输、灌注、养护 4. 套管压拔 5. 土方、废浆外运输 6. 打桩场地硬化及泥浆池、泥浆沟

（续）

项目编码	项目名称	项目特征	计量单位	工程量计算规则	工作内容
040302005	型钢水泥土搅拌墙	1. 深度 2. 桩径 3. 水泥拌量 4. 型钢材质、规格 5. 是否预应力	m³	按设计图示尺寸以体积计算	1. 钻机移位 2. 钻进 3. 浆液制作、运输、压浆 4. 搅拌、成桩 5. 型钢插拔 6. 土方、废浆外运
040302006	锚杆（索）	1. 地层情况 2. 锚杆（索）类型、部位 3. 钻孔直径、深度 4. 杆体材料品种、规格、数量 5. 是否预应力 6. 浆液种类、强度等级	1. m 2. 根	1. 以米计量，按图示尺寸以钻孔深度计算 2. 以根计量，按设计图示数量计算	1. 钻孔、浆液制作、运输、压浆 2. 锚杆（索）制作、安装 3. 张拉锚固 4. 锚杆（索）施工平台搭设、拆除
040302007	土钉	1. 地层情况 2. 钻孔直径、深度 3. 置入方法 4. 杆体材料品种、规格、数量 5. 浆液种类、强度等级			1. 钻孔、浆液制作、运输、压浆 2. 土钉制作、安装 3. 土钉施工平台搭设、拆除
040302008	喷射混凝土	1. 部位 2. 厚度 3. 材料种类 4. 混凝土（砂浆）类别、强度等级	m²	按设计图示尺寸以面积计算	1. 修整边坡 2. 混凝土制作、运输、喷射、养护 3. 钻排水孔、安装排水管 4. 喷射施工平台搭设、拆除

注：1. 地层情况按表 2-2 和表 2-6 的规定，并根据岩土工程勘察报告按单位工程各地层所占比例（包括范围值）进行描述。对无法准确描述的地层情况，可注明由投标人根据岩土工程勘察报告自行决定报价。
2. 地下连续墙和喷射混凝土的钢筋网制作、安装，按《市政工程工程量计算规范》（GB 50857—2013）附录 J 钢筋工程中相关项目编码列项；基坑与边坡支护的排桩按附录 C.1 相关项目编码列项；水泥土墙、坑内加固按附录 B 道路工程中 B.1 中相关项目编码列项；混凝土挡土墙、桩顶冠梁、支撑体系按附录 D 隧道工程中相关项目编码列项。

3. 现浇混凝土构件

现浇混凝土构件工程量清单项目设置、项目特征、计量单位、工程量计算规则、工作内容，应按表 5-3 的规定执行。

表 5-3 现浇混凝土构件（编码：040303）

项目编码	项目名称	项目特征	计量单位	工程量计算规则	工作内容
040303001	混凝土垫层	混凝土强度等级	m³	按设计图示尺寸以体积计算	1. 模板制作、安装、拆除 2. 混凝土拌和、运输、浇筑 3. 养护
040303002	混凝土基础	1. 混凝土强度等级 2. 嵌料（毛石）比例			
040303003	混凝土承台	混凝土强度等级			
040303004	混凝土墩（台）帽	1. 部位 2. 混凝土强度等级			
040303005	混凝土墩（台）身				
040303006	混凝土支撑梁及横梁				
040303007	混凝土墩（台）盖梁				
040303008	混凝土拱桥拱座	混凝土强度等级			
040303009	混凝土拱桥拱肋				
040303010	混凝土拱上构件	1. 部位 2. 混凝土强度等级			
040303011	混凝土箱梁				
040303012	混凝土连续板	1. 部位 2. 结构形式 3. 混凝土强度等级			
040303013	混凝土板梁				
040303014	混凝土板拱	1. 部位 2. 混凝土强度等级			
040303015	混凝土挡墙墙身	1. 混凝土强度等级 2. 泄水孔材料品种、规格 3. 滤水层要求 4. 沉降缝要求	m³	按设计图示尺寸以体积计算	1. 模板制作、安装、拆除 2. 混凝土拌和、运输、浇筑 3. 养护 4. 抹灰 5. 泄水孔制作、安装 6. 滤水层铺筑 7. 沉降缝
040303016	混凝土挡墙压顶	1. 混凝土强度等级 2. 沉降缝要求			

（续）

项目编码	项目名称	项目特征	计量单位	工程量计算规则	工作内容
040304017	混凝土楼梯	1. 结构形式 2. 底板厚度 3. 混凝土强度等级	1. m^2 2. m^3	1. 以平方米计量，按设计图示尺寸以水平投影面积计算 2. 以立方米计量，按设计图示尺寸以体积计算	1. 模板制作、安装、拆除 2. 混凝土拌和、运输、浇筑 3. 养护
040304018	混凝土防撞护栏	1. 断面 2. 混凝土强度等级	m	按设计图示尺寸以长度计算	
040304019	桥面铺装	1. 混凝土强度等级 2. 沥青品种 3. 沥青混凝土种类 4. 厚度 5. 配合比	m^2	按设计图示尺寸以面积计算	1. 模板制作、安装、拆除 2. 混凝土拌和、运输、浇筑 3. 养护 4. 沥青混凝土铺装 5. 碾压
040304020	混凝土桥头搭板	混凝土强度等级	m^3	按设计图示尺寸以体积计算	1. 模板制作、安装、拆除 2. 混凝土拌和、运输、浇筑 3. 养护
040304021	混凝土搭板枕梁				
040304022	混凝土桥塔身	1. 形状 2. 混凝土强度等级			
040304023	混凝土连系梁				
040304024	混凝土其他构件	1. 名称、部位 2. 混凝土强度等级			
040304025	钢管拱混凝土	混凝土强度等级			混凝土拌和、运输、压注

注：台帽、台盖梁均应包括耳墙、背墙。

【例 5-1】 某桥梁现浇重力式桥台工程数量见表 5-4，试列出该工程桥台台身的分部分项工程量清单。

表 5-4 桥台工程数量表

	台帽、背墙	C40 混凝土/m^3	110.8
0#桥台	台身	C30 混凝土/m^3	543.6
	基础	C25 混凝土/m^3	203.1

(续)

	台帽、背墙	C40 混凝土/m³	103.0
1#桥台	台身	C30 混凝土/m³	492.4
	基础	C25 混凝土/m³	188.9

解：C30 混凝土桥台台身工程量：543.6+492.4 = 1 036（m³），该工程分部分项工程量清单与计价表见表 5-5。

表 5-5　分部分项工程量清单与计价表

序号	清单编码	项目名称	项目特征描述	单位	工程量
1	040303005001	混凝土墩（台）身	1. 部位：桥台 2. 混凝土强度等级：C30	m³	1 036

4. 预制混凝土

预制混凝土工程量清单项目设置、项目特征、计量单位、工程量计算规则、工作内容，应按表 5-6 的规定执行。

表 5-6　预制混凝土构件（编码：040304）

项目编码	项目名称	项目特征	计量单位	工程量计算规则	工作内容
040304001	预制混凝土梁	1. 部位 2. 图集、图纸名称 3. 构件代号、名称 4. 混凝土强度等级 5. 砂浆强度等级	m³	按设计图示尺寸以体积计算	1. 模板制作、安装、拆除 2. 混凝土拌和、运输、浇筑 3. 养护 4. 构件安装 5. 接头灌浆 6. 砂浆制作 7. 运输
040304002	预制混凝土柱				
040304003	预制混凝土板				
040304004	预制混凝土挡土墙墙身	1. 图集、图纸名称 2. 构件代号、名称 3. 结构形式 4. 混凝土强度等级 5. 泄水孔材料种类、规格 6. 滤水层要求 7. 砂浆强度等级			1. 模板制作、安装、拆除 2. 混凝土拌和、运输、浇筑 3. 养护 4. 构件安装 5. 接头灌浆 6. 泄水孔制作、安装 7. 滤水层铺设 8. 砂浆制作 9. 运输

（续）

项目编码	项目名称	项目特征	计量单位	工程量计算规则	工作内容
040304005	预制混凝土其他构件	1. 部位 2. 图集、图纸名称 3. 构件代号、名称 4. 混凝土强度等级 5. 砂浆强度等级	m³	按设计图示尺寸以体积计算	1. 模板制作、安装、拆除 2. 混凝土拌和、运输、浇筑 3. 养护 4. 构件安装 5. 接头灌浆 6. 砂浆制作 7. 运输

5. 砌筑

砌筑工程量清单项目设置、项目特征、计量单位、工程量计算规则、工作内容，应按表 5-7 的规定执行。

表 5-7 砌筑（编码：040305）

项目编码	项目名称	项目特征	计量单位	工程量计算规则	工作内容
040305001	垫层	1. 材料品种、规格 2. 厚度	m³	按设计图示尺寸以体积计算	垫层铺筑
040305002	干砌块料	1. 部位 2. 材料品种、规格 3. 泄水孔材料品种、规格 4. 滤水层要求 5. 沉降缝要求	m³	按设计图示尺寸以体积计算	1. 砌筑 2. 砌体勾缝 3. 砌体抹面 4. 泄水孔制作、安装 5. 滤层铺设 6. 沉降缝
040305003	浆砌块料	1. 部位 2. 材料品种、规格 3. 砂浆强度等级 4. 泄水孔材料品种、规格 5. 滤水层要求 6. 沉降缝要求	m³	按设计图示尺寸以体积计算	1. 砌筑 2. 砌体勾缝 3. 砌体抹面 4. 泄水孔制作、安装 5. 滤层铺设 6. 沉降缝
040305004	砖砌体				
040305005	护坡	1. 材料品种 2. 结构形式 3. 厚度 4. 砂浆强度等级	m²	按设计图示尺寸以面积计算	1. 修整边坡 2. 砌筑 3. 砌体勾缝 4. 砌体抹面

注：1. 干砌块料、浆砌块料和砖砌体应根据工程部位不同，分别设置清单编码。
2. 本节清单项目中"垫层"指碎石、块石等非混凝土类垫层。

6. 立交箱涵

立交箱涵工程量清单项目设置、项目特征、计量单位、工程量计算规则、工作内容，应按表 5-8 的规定执行。

表 5-8　立交箱涵（编码：040306）

项目编码	项目名称	项目特征	计量单位	工程量计算规则	工作内容
040306001	透水管	1. 材料品种、规格 2. 管道基础形式	m	按设计图示尺寸以长度计算	1. 基础铺筑 2. 管道铺设、安装
040306002	滑板	1. 混凝土强度等级 2. 石蜡层要求 3. 塑料薄膜品种、规格	m^3	按设计图示尺寸以体积计算	1. 模板制作、安装、拆除 2. 混凝土拌和、运输、浇筑 3. 养护 4. 涂石蜡层 5. 铺缩料薄膜
040306003	箱涵底板	1. 混凝土强度等级 2. 混凝土抗渗要求 3. 防水层工艺要求	m^3	按设计图示尺寸以体积计算	1. 模板制作、安装、拆除 2. 混凝土拌和、运输、浇筑 3. 养护 4. 防水层铺涂
040306004	箱涵侧墙				1. 模板制作、安装、拆除 2. 混凝土拌和、运输、浇筑 3. 养护 4. 防水砂浆 5. 防水层铺涂
040306005	箱涵顶板				
040306006	箱涵顶进	1. 断面 2. 长度 3. 弃土运距	kg·m	按设计图示尺寸以被顶箱涵的质量，乘以箱涵的位移距离分节累计计算	1. 顶进设备安装、拆除 2. 气垫安装、拆除 3. 气垫使用 4. 钢刃角制作、安装、拆除 5. 挖土实顶 6. 场内外运输 7. 中继间安装、拆除
040306007	箱涵接缝	1. 材质 2. 工艺要求	m	按设计图示止水带长度计算	接缝

注：除箱涵顶进土方外，顶进工作坑等土方，应按《市政工程工程量计算规范》(GB 50857—2013) 附录 A 土石方工程中相关项目编码列项。

7. 钢结构

钢结构工程量清单项目设置、项目特征、计量单位、工程量计算规则、工作内容，应按表 5-9 的规定执行。

表 5-9 钢结构（编码：040307）

项目编码	项目名称	项目特征	计量单位	工程量计算规则	工作内容
040307001	钢箱梁	1. 材料品种、规格 2. 部位 3. 探伤要求 4. 防火要求 5. 补刷油漆品种、色彩、工艺要求	t	按设计图示尺寸以质量计算。不扣除孔眼的质量，焊接、铆钉、螺栓等不另增加质量	1. 拼装 2. 安装 3. 探伤 4. 涂刷防火涂料 5. 补刷油漆
040307002	钢板梁				
040307003	钢桁梁				
040307004	钢拱				
040307005	劲性钢结构				
040307006	钢结构叠合梁				
040307007	其他钢构件				
040307008	悬（斜拉）索	1. 材料品种、规格 2. 直径 3. 抗拉强度 4. 防护方式		按设计图示尺寸以质量计算	1. 拉索安装 2. 张拉、索力调整、锚固 3. 防护壳制作、安装
040307009	钢拉杆				1. 连接、紧锁件安装 2. 钢拉杆安装 3. 钢拉杆防腐 4. 钢拉杆防护壳制作、安装

8. 装饰

装饰工程量清单项目设置、项目特征、计量单位、工程量计算规则、工作内容，应按表 5-10 的规定执行。

表 5-10 装饰（编码：040308）

项目编码	项目名称	项目特征	计量单位	工程量计算规则	工程内容
040308001	水泥砂浆抹面	1. 砂浆配合比 2. 部位 3. 厚度	m²	按设计图示尺寸以面积计算	1. 基层清理 2. 砂浆抹面
040308002	剁斧石饰面	1. 材料 2. 部位 3. 形式 4. 厚度			1. 基层清理 2. 饰面

（续）

项目编码	项目名称	项目特征	计量单位	工程量计算规则	工程内容
040308003	镶贴面层	1. 材质 2. 规格 3. 厚度 4. 部位	m²	按设计图示尺寸以面积计算	1. 基层清理 2. 镶贴面层 3. 勾缝
040309004	涂料	1. 材料品种 2. 部位			1. 基层清理 2. 涂料涂刷
040309005	油漆	1. 材料品种 2. 部位 3. 工艺要求			1. 除锈 2. 刷油漆

注：如遇本清单项目缺项时，可按《房屋建筑与装饰工程工程量计量规范》（GB 50854—2013）中相关项目编码列项。

9. 其他

其他工程量清单项目设置、项目特征、计量单位、工程量计算规则、工作内容，应按表 5-11 的规定执行。

表 5-11　其他（编码：040309）

项目编码	项目名称	项目特征	计量单位	工程量计算规则	工作内容
040309001	金属栏杆	1. 栏杆材质、规格 2. 油漆品种、工艺要求	1. t 2. m	1. 按设计图示尺寸以质量计算 2. 按设计图示尺寸以延长米计算	1. 制作、运输、安装 2. 除锈、刷油漆
040309002	石质栏杆	材料品种、规格	m	按设计图示尺寸以长度计算	制作、运输、安装
040309003	混凝土栏杆	1. 混凝土强度等级 2. 规格尺寸			
040309004	橡胶支座	1. 材质 2. 规格、型号 3. 形式	个	按设计图示数量计算	支座安装
040309005	钢支座	1. 规格、型号 2. 形式			
040309006	盆式支座	1. 材质 2. 承载力			
040309007	桥梁伸缩装置	1. 材料品种 2. 规格、型号 3. 混凝土类别 4. 混凝土强度等级	m	以米计量，按设计图示尺寸以延长米计算	1. 制作、安装 2. 混凝土拌和、运输、浇筑

(续)

项目编码	项目名称	项目特征	计量单位	工程量计算规则	工作内容
040309008	隔声屏障	1. 材料品种 2. 结构形式 3. 油漆品种、工艺要求	m²	按设计图示尺寸以面积计算	1. 制作、安装 2. 除锈、刷油漆
040309009	桥面排（泄）水管	1. 材料品种 2. 管径	m	按设计图示以长度计算	进水口、排（泄）水管制作、安装
040309010	防水层	1. 部位 2. 材料品种、规格 3. 工艺要求	m²	按设计图示尺寸以面积计算	防水层铺涂

注：支座垫石混凝土按上述混凝土基础项目编码列项。

10. 相关问题及说明

（1）桥涵工程清单项目各类预制桩均按成品构件编制，购置费用应计入综合单价中，如采用现场预制，包括预制构件制作的所有费用。

（2）当以体积为计量单位计算混凝土工程量时，不扣除构件内钢筋、螺栓、预埋铁件、张拉孔道和单个面积 $\leqslant 0.3 m^2$ 的孔洞所占体积，但应扣除型钢混凝土构件中型钢所占体积。

（3）桩基陆上工作平台搭拆工作内容包括在相应的清单项目中，若为水上工作平台搭拆，应按《市政工程工程量计算规范》（GB 50857—2013）中附录 L 措施项目相关项目单独编码列项。

任务2 桥涵工程消耗量标准工程量的计算

5.2.1 桥涵工程消耗量标准的说明

1. 说明

（1）桥涵工程包括现浇混凝土工程、预制混凝土工程、砌筑工程、立交箱涵工程、钢结构工程和其他工程。

（2）桥涵工程适用范围：

1）城镇范围内的桥梁工程。

2）单跨 5m 以内的各种涵洞工程。

3）穿越城市道路及铁路的立交箱涵工程。

（3）桥涵工程内容未包含预制场地的建设、拆除费用，发生时按施工组织设计另行计算。

（4）河道水深取定为 3m；若水深≥3m 时，应另行计算。

（5）桥涵工程均未包括各类操作脚手架，发生时按《湖南省房屋建筑与装饰工程消耗量标准》（2020 年）第十章措施项目相应项目执行。

（6）关于桥涵桩基础工程的说明：

1）陆上桩基础套用《湖南省房屋建筑与装饰工程消耗量标准》（2020 年）第三章桩基

础工程相应子目，人工、机械乘以系数 1.15。

2）水上桩基础套用《湖南省房屋建筑与装饰工程消耗量标准》（2020 年）第三章桩基础工程相应子目，人工、机械乘以系数 1.3，平台搭拆等措施费执行《湖南省房屋建筑和装饰工程消耗量标准》（2020 年）第十一章措施项目相应项目。

3）此外，桥梁桩基础在旋挖桩或回旋钻机成孔长度超过 30m 时，按相应项目人工、机械乘以系数 1.15；冲击钻机成孔深度大于 40m、小于 60m 时，按相应项目人工、机械乘以系数 1.25。

4）桩基钢筋笼、声测管的制作、安装套用《湖南省房屋建筑与装饰工程消耗量标准》（2020 年）第九章钢筋笼制作安装子目。

（7）除已标注高度的外，现浇混凝土项目垂直运输均按距地面高度 20m 内考虑，如高度 > 20m 时，人工、机械乘以系数 1.1。

【例 5-2】 某桥台基础共设 24 根 C30 预制钢筋混凝土方桩，自然地坪标高 -0.4m，桩顶标高为 -1.0m，设计桩长 20m（包括桩尖 600mm），截面尺寸 450mm×450mm。每根桩分 2 节预制，陆上打桩，采用电焊接桩包角钢。试计算打桩、送桩和接桩的组价工程量并进行列项。

解：

1. 计算工程量。

打桩：(20-0.6)×24 = 465.6（m）

送桩：(1-0.4+0.5)×24 = 26.4（m）

接桩：24 个

特别提示：

（1）打（压）预制方（管）桩按桩顶面（桩露出地面的按自然地坪面）至桩地面（不包括桩尖），以长度计算。

（2）送预制方（管）桩按设计桩顶标高至自然地坪标高另加 0.5m，以长度计算。

（3）电焊接桩按设计要求接桩的数量，以个计算。

2. 列项（表 5-12）。

表 5-12 消耗量标准列项

消耗量标准编号	项目名称	单位	工程量	备注
A3-1	打预制方桩	100m	4.656	（人工、机械）×1.15
A3-1 换	打预制方桩，送桩	100m	0.264	（人工、机械）×1.25×1.15
A3-23	电焊接桩包角钢	10 个	2.4	（人工、机械）×1.15

特别提示： 送预制方（管）桩按打（压）桩相应项目，送桩深度 2m 以内人工、机械乘以系数 1.25。

【例 5-3】 某工程用液压打桩锤打预应力钢筋混凝土管桩，斜度 1∶20，设计桩长 30m（不含钢桩尖），桩径 500mm，共 4 根。试计算打桩组价工程量并列项。

解：

1. 计算工程量。

打桩：30×4 = 120（m）

2. 列项（表5-13）。

表5-13 消耗量标准列项

消耗量标准编号	项目名称	单位	工程量	备注
A3-9换	液压打桩锤打预应力钢筋混凝土管桩，斜桩	100m	1.2	（人工、机械）×1.25×1.15

特别提示：打（压）桩项目按打直桩考虑，如打斜桩在1:6以内者，按相应项目人工、机械乘以系数1.25。

2. 现浇混凝土工程

（1）现浇混凝土工程包括垫层、基础、承台、支撑梁及横梁、墩（台）帽、墩（台）身、墩（台）盖梁、索塔立柱及横系梁、钢管混凝土、拱桥、梁、板、踏步、楼梯、小型构件及其他、接头及灌缝、桥面铺装、搭板及枕梁、混凝土输送等项目。

（2）现浇混凝土工程适用于桥涵工程现浇各种混凝土构筑物。

（3）现浇混凝土工程混凝土按常用强度等级列出，当设计与子目取定的混凝土强度等级不同时可换算。

（4）现浇混凝土工程均未包括预埋铁件，如设计要求预埋铁件时，执行《湖南省房屋建筑与装饰工程消耗量标准》（2020年）第九章钢筋工程相关子目。

（5）现浇混凝土工程毛石混凝土子目的块石含量为15%，如与设计不同时可以换算，但人工、机械含量不调整。

（6）踏步未包括底板、垫层。

（7）钢纤维混凝土的设计钢纤维量与子目含量不同时可调整。

（8）桥面铺装如采用沥青混凝土铺装桥面时，800m^2以内的按《湖南省房屋建筑与装饰工程消耗量标准》（2020年）第二章道路工程相应项目人工、机械乘以系数1.5，超过800m^2时，按《湖南省房屋建筑与装饰工程消耗量标准》（2020年）第二章道路工程相应项目执行。

【例5-4】 某桥梁现浇重力式桥台台身采用C30商品混凝土，泵车运输，实体总体积为1 036m^3，台身高5m。试对该桥梁台身进行定组价工程量的计算并列项。

解：列项（表5-14）。

表5-14 组价工程量列项

序号	消耗量标准编号	项目名称	单位	工程量
1	D3-8	现浇混凝土实体式桥台	10m^3	103.6
2	D3-53	混凝土泵车输送	10m^3	103.6

3. 预制混凝土工程

（1）预制混凝土工程包括预制梁、柱、板、小型构件等项目的预制、安装及场内运输。

（2）预制混凝土工程均未包括预埋铁件，如设计要求或吊装要求预埋铁件时，执行《湖南省房屋建筑与装饰工程消耗量标准》（2020年）第九章钢筋工程中预埋铁件子目。

（3）预制混凝土工程适用于现场制作的预制构件，不适用于商品构配件厂所生产的构配件。

（4）安装预制构件，应根据施工现场具体情况采用合理的施工方法，执行相应子目。

（5）构件安装均未考虑船上吊装，发生时另行计算。

（6）构件场内运输子目适用于除小型构件外的预制混凝土构件。小型构件指单件混凝土体积小于或者等于 $0.05m^3$ 的构件，其场内运输已包括在项目中。

（7）预制构件如需出坑堆放，按相应构件运输第一个运距单位子目计列。

（8）预制空心板梁的堵头混凝土内容已在子目中综合考虑，不得重复计算。

（9）顶推预应力连续梁是按多点顶推的施工工艺编制的，顶推使用的滑道单独编列子目，其他滑块及顶推用的机具已摊入顶推子目中。顶推用的导梁及工作平台，标准中未计入，应按有关子目另行计算。

（10）顶推安装子目不含顶推机具基座及滑道底座费用。

（11）灌浆连接套筒适用于 $\phi 32mm$ 钢筋的连接，设计不同时，材料按实调整，人工、机械不变。

（12）轨道平车运输配电动卷扬机运输构件重载升坡超过1%（含1%）时，第一个运距单位不增加人工费及机械，每增运50m子目的人工及电动卷扬机含量乘以系数1.05，每升高0.5%增加系数0.05（总升坡不超过3%）。

4. 砌筑工程

（1）砌筑工程包括干砌块石、片石、浆砌块石、片石、浆砌混凝土预制块等项目。

（2）砌筑项目垫层执行《湖南省房屋建筑与装饰工程消耗量标准》（2020年）第五章管网工程中非定型井垫层相应子目；台背回填执行《湖南省房屋建筑与装饰工程消耗量标准》（2020年）第二章道路工程相应子目。

（3）拱圈子目已包括底模，但不包括拱盔和支架。

（4）浆砌料石执行浆砌混凝土预制块子目，更换材料。

（5）砌筑工程砌筑项目不含勾缝，如发生执行《湖南省房屋建筑与装饰工程消耗量标准》（2020年）第二章道路工程的勾缝子目。

（6）护坡和台阶砌筑按《湖南省房屋建筑与装饰工程消耗量标准》（2020年）第二章道路工程相关子目计算。

（7）砖砌体套用《湖南省房屋建筑与装饰工程消耗量标准》（2020年）第四章砖石工程相应子目。

5. 立交箱涵工程

（1）立交箱涵工程包括透水管铺设、箱涵制作、箱涵外壁及滑板面处理、气垫安拆及使用、箱涵顶进、箱涵内挖土、箱涵接缝处理、顶进设备及挖土支架等项目。

（2）立交箱涵工程适用于穿越城市道路及铁路的立交箱涵顶进工程。

（3）立交箱涵工程顶进按综合土质考虑，顶进过程中若遇岩石，费用另行计算。

（4）立交箱涵工程未包括箱涵顶进的后靠背设施等，应套用《湖南省房屋建筑与装饰工程消耗量标准》（2020年）第九章预埋钢板等相应子目。

（5）立交箱涵工程未考虑设计预埋件和减阻预埋钢板，费用另行计算。

（6）深基坑开挖、支撑及井点降水等项目，套用《湖南省房屋建筑与装饰工程消耗量标准》（2020年）第一章土石方工程的相关子目。

（7）箱涵顶进子目分为空顶、无中继间实土顶和有中继间实土顶，有中继间实土顶适用于一级中继间接力顶进。

（8）立交箱涵工程设备摊销费中的设备指箱涵的全套顶进设备，按180元/(t·月)计算，以3个月使用期为基础，超过3个月的可按实调整增加。其中，全套顶进设备包括钢顶柱、顶块及钢桁梁，不包括千斤顶等机具；顶进设备质量按设计或施工方案计算，如无设计时，可参考表5-15。

表 5-15 顶进设备质量参数

项目	圆管涵	立交箱涵自重/t			
		1 000	2 000	3 000	5 000
设备重（t）	2.8	19	34	51	79

（9）立交箱涵工程中箱涵自重是指箱涵顶进时的总质量，应包括拖带的设备重量（设计未明确时，按箱涵质量的5%计），采用中继间接力顶进时还应包括中继间的质量。

（10）气垫只考虑在预制箱涵底板上使用，气垫的使用天数由施工组织设计确定，但采用气垫后执行顶进项目时应乘以系数0.7。

（11）挖土支架子目中的钢板按摊销计算，如因工程规模或工期要求只能一次性使用，则扣减子目中的钢板数量，按支架的材料费扣减回收金额计算。

6. 钢结构工程

（1）钢结构工程适用于桥涵工程的钢构件制作、安装。

（2）钢索吊桥的加劲桁拼装子目按高强螺栓连接编制，采用其他方法施工的另行计算。

（3）钢索吊桥中的钢桁、钢纵横梁、悬吊系统构件、套筒及拉杆构件均按半成品考虑，应按半成品价格计算。

（4）钢索吊桥子目已综合考虑了缆索吊装设备及钢桁油漆项目。抗风缆结构安装子目未包括锚碇部分，其费用另行计算。

（5）钢索吊桥未考虑主索锚洞开挖、衬砌、护索罩、检查井等的费用，应根据设计按有关子目另行计算。

（6）钢索吊桥中的索鞍不适用于悬索桥。

（7）索塔子目中的锚固套筒和钢锚箱仅适用于索塔中，不适用于梁体上锚箱套筒和钢锚箱的安装；索塔避雷针按设计计算，设计未说明的，一个塔柱按1处计算。

（8）悬索桥的主缆、吊索、索夹、检修道子目未包涂装防护，应另行计算。

（9）钢管拱子目中未考虑钢塔架、扣塔、地锚、索道的费用，应根据施工组织设计或专项施工方案另行计算。

（10）钢管拱桥拱肋起重机吊装子目中已包含安装钢拱肋所用的临时性或永久性的固定扣件、钢管、钢板等费用。

（11）索塔的锚固套筒子目已综合考虑加劲钢板和钢筋的数量；钢锚箱、索鞍构件均按半成品考虑，应按半成品价格计价。

（12）钢箱梁和钢梯道子目已考虑刷一遍防锈漆内容，缺项内容套用《湖南省房屋建筑与装饰工程消耗量标准》（2020年）相应子目。钢箱梁子目未包括载重预压、探伤及安装所需的临时支墩，发生时另行计算。

（13）设计金属栏杆材料规格、含量与子目取定的不同时可调整，其损耗按6%计算。

（14）栏杆面油漆套用《湖南省房屋建筑与装饰工程消耗量标准》（2020年）相应子目。

（15）悬索桥的相关说明：

1）1个塔顶平台参考质量为8t，子目中塔顶平台设备摊销费按4个月考虑，实际工期不同时可按180元（t·月）调整；

2）《湖南省房屋建筑与装饰工程消耗量标准》（2020年）未包括先导索过江航道管制费用，发生时另行计算。

3）《湖南省房屋建筑与装饰工程消耗量标准》（2020年）按陆上牵引1 000m以内考虑，如水上牵引或其他方式牵引，长度超过1 000m的，费用另计。

4）猫道宽度按4m考虑，其承重索制作加工场地及槽座需另计。

5）标准未含所有锚塔施工平台及爬梯，套用相关子目另计。

6）1个塔顶门架参考质量为23t。

7）如水中塔可利用施工便桥将主索鞍运至塔底时，应按岸上塔主索鞍子目计算。

8）主索鞍子目按索鞍顶推6次计算，如顶推次数不同时，按22.5元/(t·次)增减人工费。

9）鞍罩子目未包括防腐和抽湿系统，需要时另行计算。

10）锚固系统预应力环氧钢绞线材料中包括两端锚具费用。

11）高空作业人工乘以系数1.3。

（16）斜拉索（钢绞线）的相关说明：

1）斜拉索（钢绞线）的质量不含锚具质量，锚具的费用已包含在成品斜拉索的单价中。

2）斜拉索（钢绞线）的锚具、索导管、外套管及其内渗、外渗防护等包含在斜拉索成品单价中。

3）斜拉索锚固套筒子目中不包含加劲钢板和钢筋的数量，其工程量以混凝土箱梁中锚固套筒钢管的质量计算。

4）高空作业人工乘以系数1.3。

（17）施工电梯、施工塔式起重机和龙门架起重机未列入子目中，其安拆费和使用费需依据施工组织设计或批复的施工方案，套用《湖南省房屋建筑与装饰工程消耗量标准》（2020年）关于垂直运输的相关项目。

（18）钢结构工程未包含施工监控费和施工期间航道占用费，发生时应另行计算。

7. 其他工程

（1）其他工程包括桥梁支座、伸缩装置、沉降缝、泄水孔和排水管等项目。

（2）支座子目中的型钢设计含量与子目取定的不同时可调整。

（3）梳型钢板、钢板、橡胶板及模数式伸缩缝均按成品考虑。

（4）外立面装修的抹灰、镶贴块料等套用《湖南省房屋建筑与装饰工程消耗量标准》（2020年）第十二章墙柱面工程相应子目，涂料套用第十五章油漆、涂料、裱糊工程相应子目。

(5) 其他工程均未包括施工脚手架，发生时可按《湖南省房屋建筑与装饰工程消耗量标准》(2020年)第十一章措施项目相应子目执行。

5.2.2 桥涵工程消耗量标准工程量计算规则

1. 现浇混凝土工程

混凝土工程量按设计尺寸以实体积计算（不包括空心板、梁的空心体积），不扣除钢筋、铁丝、铁件、预留压浆孔道和螺栓所占的体积，不扣除单个面积 $0.3m^2$ 以内的孔洞面积，但应扣除型钢混凝土构件中型钢所占体积。

2. 预制混凝土工程

（1）预制空心板梁，采用橡胶囊做内模的，考虑其压缩变形因素，可增加混凝土数量，当梁长在 16m 以内时，可按设计计算体积增加 7%，若梁长大于 16m 时，则增加 9% 计算。如设计图示工程量已考虑橡胶囊变形时，不得再增加计算。

（2）预制空心构件按设计图尺寸扣除空心体积，以实体积计算。

（3）预应力混凝土构件的封锚混凝土数量并入构件混凝土工程量计算。

（4）安装预制构件以"m^3"为计量单位的，均按构件混凝土实体积（不包括空心部分）计算。

（5）预制混凝土构件的制作、运输、安装工程量应按表 5-16 计算损耗后并入构件工程量内。其中，制作工程量应包括运输堆放损耗及安装损耗，成品及现场就位预制构件不计算运输堆放损耗。

表 5-16 预制混凝土构件的制作、运输、安装损耗率

构件名称	运输堆放损耗	安装损耗
预制混凝土构件	0.8%	0.7%

（6）预制混凝土工程基本运输距离以 50m、1km 为计量单位。不足一个 50m、1km 者，均按 50m、1km 计；超过基本运距单位时，其运距尾数不足一个增运子目单位的半数时不计，等于或超过半数时按一个运距单位计算。

3. 砌筑工程

砌筑工程量按设计砌体尺寸以体积计算，嵌入砌体中的钢管、沉降缝、伸缩缝以及单孔面积 $0.3m^2$ 以内的预留孔所占体积不予扣除。

4. 立交箱涵工程

（1）透水管按设计图示尺寸以长度计算。

（2）箱涵滑板下的肋楞，其工程量并入滑板内计算。

（3）箱涵混凝土工程量，不扣除单孔面积 $0.3m^2$ 以下的预留孔洞体积。

（4）箱涵顶进工程量计算。

1）空顶工程量按空顶的单节箱涵的质量乘以箱涵位移距离计算，箱涵位移距离按箱涵中心从起点移动到止点的距离进行计算。

2）实土顶工程量按实土顶进箱涵的质量乘以箱涵位移距离分段累计计算，箱涵位移距离按箱涵中心从起点移动到止点的距离进行计算。

(5) 箱涵接缝按设计图示以长度或面积计算。

(6) 箱涵外壁及滑板面处理按设计图示尺寸以面积计算。

(7) 气垫安拆工程量按箱涵底面积计算。

(8) 箱涵内挖土,按箱涵外形截面乘以箱涵顶进时实际挖土距离以体积计算。

5. 钢结构工程

(1) 钢管立柱按设计图示尺寸以质量计算。

(2) 钢索吊桥:

1) 主索、悬吊系统构件、套筒及拉杆、抗风缆结构、加劲桁拼装、安装钢纵横梁按设计图示尺寸以钢结构质量进行计算。

2) 套筒灌锌按设计图示套筒数量以"个"计算。

3) 木桥面板制作与铺设按设计图示尺寸以桥面板的木材体积计算。

(3) 索塔锚固套筒按设计图示尺寸以混凝土箱梁中锚固套筒钢管的质量计算;钢锚箱按设计图示尺寸以钢锚箱钢板、剪力钉、定位件的质量之和计算,不包括钢管和型钢的质量;铁梯按设计图示尺寸以铁梯质量计算。

(4) 悬索桥:

1) 锚碇系统定位钢支架质量为定位支架型钢、钢板、钢管质量之和,以 t 为单位计算。

2) 锚固体系环氧钢绞线质量以 t 为单位计算。本子目包括了钢绞线张拉的工作长度。

3) 锚固拉杆质量包括拉杆、连接器、螺母(包括锁紧和球面)、垫圈(包括锁紧和球面)质量之和,以 t 为单位计算。

4) 牵引系统长度为牵引系统所需的单侧长度,以 m 为单位计算。

5) 猫道系统长度为猫道系统的单侧长度,以 m 为单位计算。

6) 索夹质量包括索夹主体、螺母、螺杆、防水螺母、球面垫圈质量,以 t 为单位计算。

7) 吊索质量按设计质量计算工程量,不包括锚头、防护材料、销轴和缓冲器的质量。

8) 缠丝按主缆长度扣除锚跨区、塔顶区、索夹处后无须缠丝的单侧长度,以 m 为单位计算。

9) 缆套按包括套体、锚碇处连接件、标准镀锌紧固件的质量,以 t 为单位计算。

10) 塔顶门架按门架型钢质量,以 t 为单位计算,钢格栅按钢格栅和反力架质量之和计算,以 t 为单位。

(5) 平钢钢丝或钢绞线斜拉索,吊杆、系杆、索股等均按平行钢丝或钢绞线的质量计算。

(6) 钢箱梁按设计图示尺寸以钢箱梁(包括箱梁内横隔板)、桥面板(包括横肋)、横梁、钢锚箱质量之和计算。

(7) 钢拱肋的工程量按设计图示尺寸以质量计算,包括拱肋钢管、横撑、腹板、拱脚处外侧钢板、拱脚接头钢板及各种加劲块,不包括支座和钢拱肋的混凝土的质量。

(8) 天桥钢箱梁和钢梯道构件按设计图示尺寸以质量计算(不包括螺栓、焊缝质量),单个孔洞面积在 $0.1m^2$ 以内的不予扣除。

(9) 金属栏杆工程量按设计尺寸,以主材(包括弯头等附件)质量计算。

6. 其他工程

（1）橡胶支座按支座橡胶板（含四氟）尺寸以体积计算。辊轴钢支座、切线支座、摆式支座按设计尺寸以成品钢支座的质量计算，盆式金属橡胶组合支座、抗风支座、球形支座按设计图纸以数量计算。

（2）沉降缝按设计图示尺寸以面积计算，伸缩缝按设计图示尺寸以长度计算。

任务3 桥涵工程清单综合单价的计算

【例 5-5】 请结合【例 5-1】~【例 5-4】，已知普通商品混凝土 C30 预算价格为 544.98 元/m³，试确定该桥台台身的综合单价。

解：

（1）通过查询相应消耗量标准子目（表 5-17 和表 5-18），分别计算出人工费、材料费、机械费。

工程量清单编制——桥梁篇1

工程量清单编制——桥梁篇2

表 5-17 墩身、台身

工作内容：混凝土浇筑、捣固、抹平、养护等。 计量单位：10m³

	编号			D3-7	D3-8
	项目			轻型桥台	实体式桥台
	基价/元			6 887.01	6 670.11
其中	人工费			965.00	755.00
	材料费			5 909.52	5 902.62
	机械费			12.49	12.49
	名称	单位	单价	数量	
材料	商品混凝土（砾石）C30	m³	571.81	10.150	10.150
	无纺土工布	m²	1.50	3.960	4.050
	水	t	4.39	2.820	1.240
	其他材料费	元	1.00	87.333	87.231
机械	混凝土振动器插入式	台班	11.19	1.116	1.116

消耗量标准 D3-8：

人工费：755.00（元）

材料费：5 902.62+(544.98−571.81)×10.15 = 5 630.30（元）

机械费：12.49×0.92 = 11.49（元）

单位直接费 = 人工费+材料费+机械费 = 755.00+5 630.30+11.49 = 6 396.79（元）

直接费 = 6 396.79×103.6 = 662 707.44（元）

特别提示：根据《关于机械费调整及有关问题的通知》（湘建价市〔2020〕46号）文件规定：机械费需要乘以调整系数 0.92。

表 5-18　混凝土输送（部分）

工作内容：机械就位、泵管安拆、混凝土输送、清理等。　　　　　　　　　　　　　　计量单位：10m³

编号			D3-53	D3-54	D3-55
项目			泵车	固定泵	
				输送管 100m 内	每增 50m 内
基价/元			275.49	196.49	44.06
其中	人工费		—	75.00	25.00
	材料费		4.23	30.87	8.88
	机械费		271.26	90.62	10.18
	名称	单位	单价	数量	
材料	泵管 φ150 商品混凝土输送用	kg	4.78	—	5.490	1.830
	水	t	4.39	0.95	0.950	—
	其他材料费	元	1.00	0.063	0.456	0.131
机械	混凝土汽车式输送泵 46m	台班	5 216.46	0.052	—	—
	混凝土输送泵 60m³/h	台班	1 018.19	—	0.089	0.010
	汽车式起重机 12t	台班	1 131.25	—	—	—

消耗量标准 D3-53：

人工费：0（元）

材料费：4.23（元）

机械费：271.26×0.92＝249.56（元）

单位直接费＝人工费＋材料费＋机械费＝4.23＋249.56＝253.79（元）

直接费＝253.79×103.6＝26 292.64（元）

（2）根据《关于机械费调整及有关问题的通知》（湘建价市〔2020〕46 号）文件规定计算企业管理费、利润。

消耗量标准 D3-8：

企业管理费：直接费×9.65%＝662 707.44×9.65%＝63 951.27（元）

利润：直接费×6%＝662 707.44×6%＝39 762.45（元）

消耗量标准 D3-53：

企业管理费：直接费×9.65%＝26 292.64×9.65%＝2 537.24（元）

利润：直接费×6%＝26 292.64×6%＝1 577.56（元）

（3）计算综合单价。

消耗量标准 D3-8：

合价：直接费＋企业管理费＋利润＝662 707.44＋63 951.27＋39 762.45＝766 421.16（元）

消耗量标准 D3-53：

合价：直接费＋企业管理费＋利润＝26 292.64＋2 537.24＋1 577.56＝30 407.44（元）

综合单价：（766 421.16＋30 407.44）÷1 036＝769.14（元/m³）

综合以上计算，则桥台台身的综合单价分析表见表 5-19。

市政工程计量与计价

表 5-19 综合单价分析表

工程名称：某市区新建桥梁工程　　　　标段：　　　　　　　　　　　　第　页　共　页

清单编码	04020300 5001	项目名称		混凝土墩（台）身		计量单位	m³	数量		1 036	综合单价/元	769.14
消耗量标准编号	项目名称	单位	数量	单价/元								合价/元
				合计（直接费）	人工费	材料费	机械费	管理费	其他管理费	利润		
D3-8	现浇混凝土工程实体式桥台	100m³	103.6	6 396.79	755.00	5 630.30	11.49	9.65%	2.00%	6.00%	39 762.45	766 421.16
D3-53	现浇混凝土工程 混凝土输送泵车	100m³	103.6	253.79		4.23	249.56	63 951.27			1 577.56	30 407.44
累计/元				689 000.09	78 218.00	583 737.31	27 044.78	66 488.51			41 340.01	796 828.60
材料费明细表	材料名称、规格、型号				单位	数量	单价	合价	暂估单价			暂估合价
	商品混凝土（砾石）C10				m³	1 051.54	544.98	573 068.27				
	无纺土工布				m²	419.58	1.50	629.37				
	水				t	226.884	4.39	996.02				
	其他材料费				元	9 043.659	1.00	9 043.66				
	材料费合计				元	—	—	583 737.32	—			

注：
1. 本表用于编制招投标综合单价时，招标文件提供了暂估单价的材料，应按暂估的单价填入表内"暂估单价"及"暂估合价"栏。
2. 本表用于编制工程竣工结算时，其材料单价应按双方约定的（结算价）填写。
3. 其他管理费的计算费按《市政工程工程量计算规范》（GB 50857—2013）附录 C 建筑安装工程费用标准说明第 2 条规定计取。

任务4　桥涵工程清单计价文件的编制实例

桥梁中心里程（里程系统采用独立里程系统）为K0+291.021m，桥梁起点桩号K0+273.921，终点桩号K0+308.121，桥梁中心线与河道中心线成90°角，与道路中心线成70.4°角，桥梁平面位于直线上，右幅平面进入××路与××路平交口曲线上。

桥梁上部为预应力混凝土空心板，桥梁宽度27.5m，由21块空心板组合形成，整幅布置，空心板为5°角右斜板，中板宽1.24m，边板宽1.87m，边板悬臂长63cm，其上再加10cm厚桥面现浇层和4cm细粒式沥青混凝土AC-13+7cm、中粒式沥青混凝土AC-20桥面铺装；预应力混凝土空心板梁：C50混凝土，空心板梁高95cm；台帽背墙：C40混凝土；桥台台身：C30混凝土；桥台基础：C25混凝土；人行道板及搭板：C30混凝土；人行道板A：矩形1.4m^3，51块；人行道板B：矩形0.3m^3，两块；人行道板C：矩形2.6m^3，27块；桥梁伸缩装置采用梳型钢板。所有现浇混凝土采用泵车泵送，请编制长沙市某桥梁的招标控制价文件，本工程不含土方工程及压缩工期，暂列金额取250 000元。该桥涵工程相关施工图如图5-1~图5-12所示，工程量计算过程见表5-20，所依据的相关计价文件见表5-21~表5-31，措施项目见附录C。

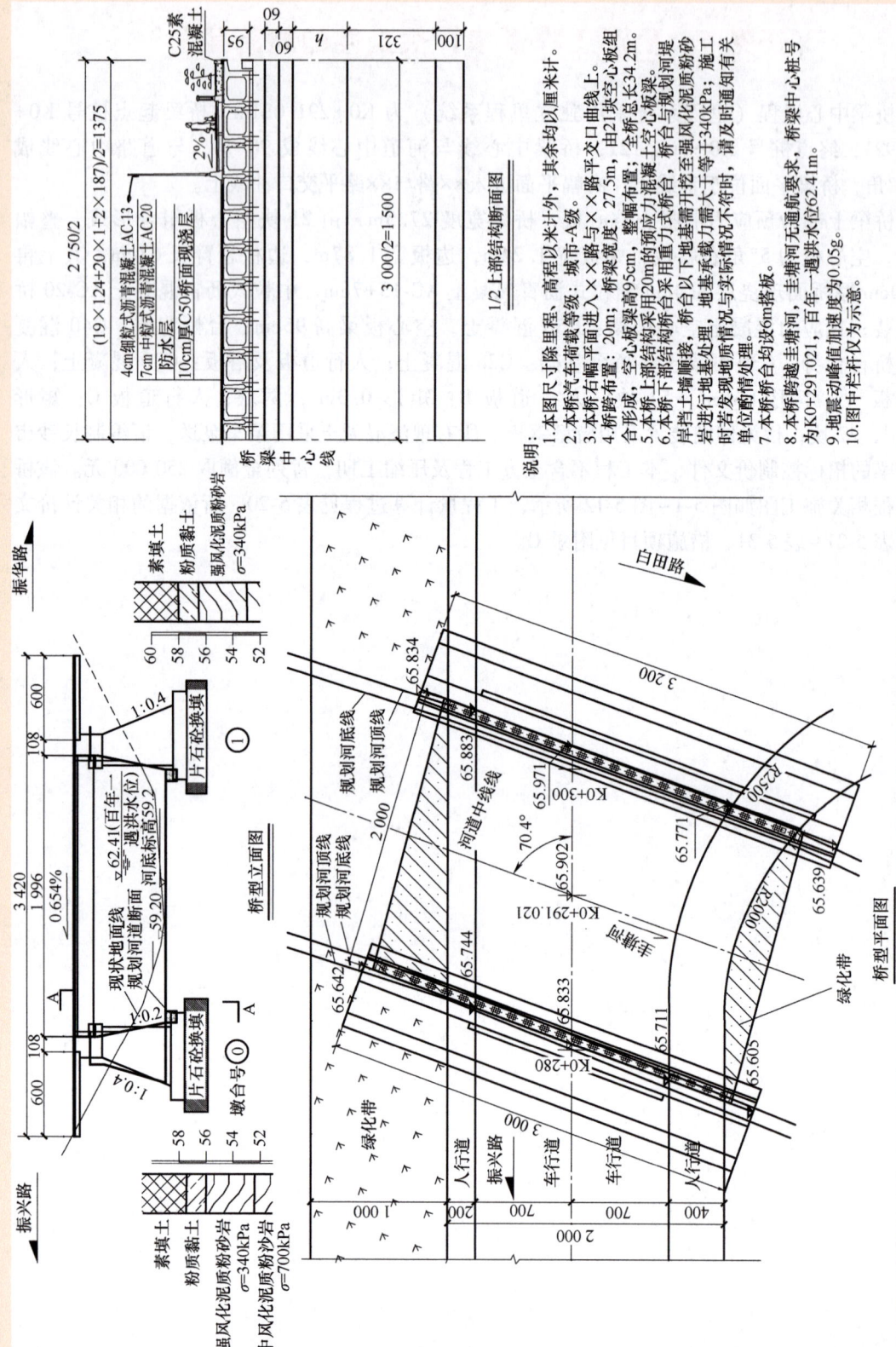

图 5-1 桥型布置图

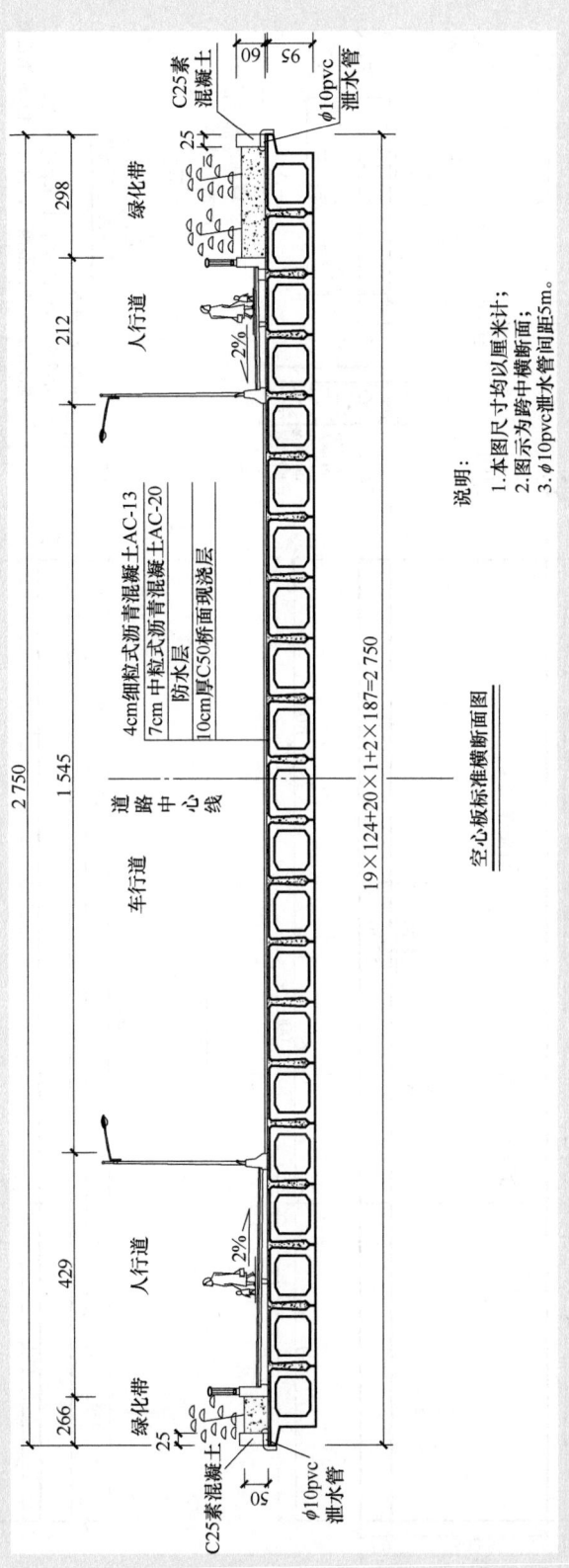

图 5-2 空心板标准横断面图

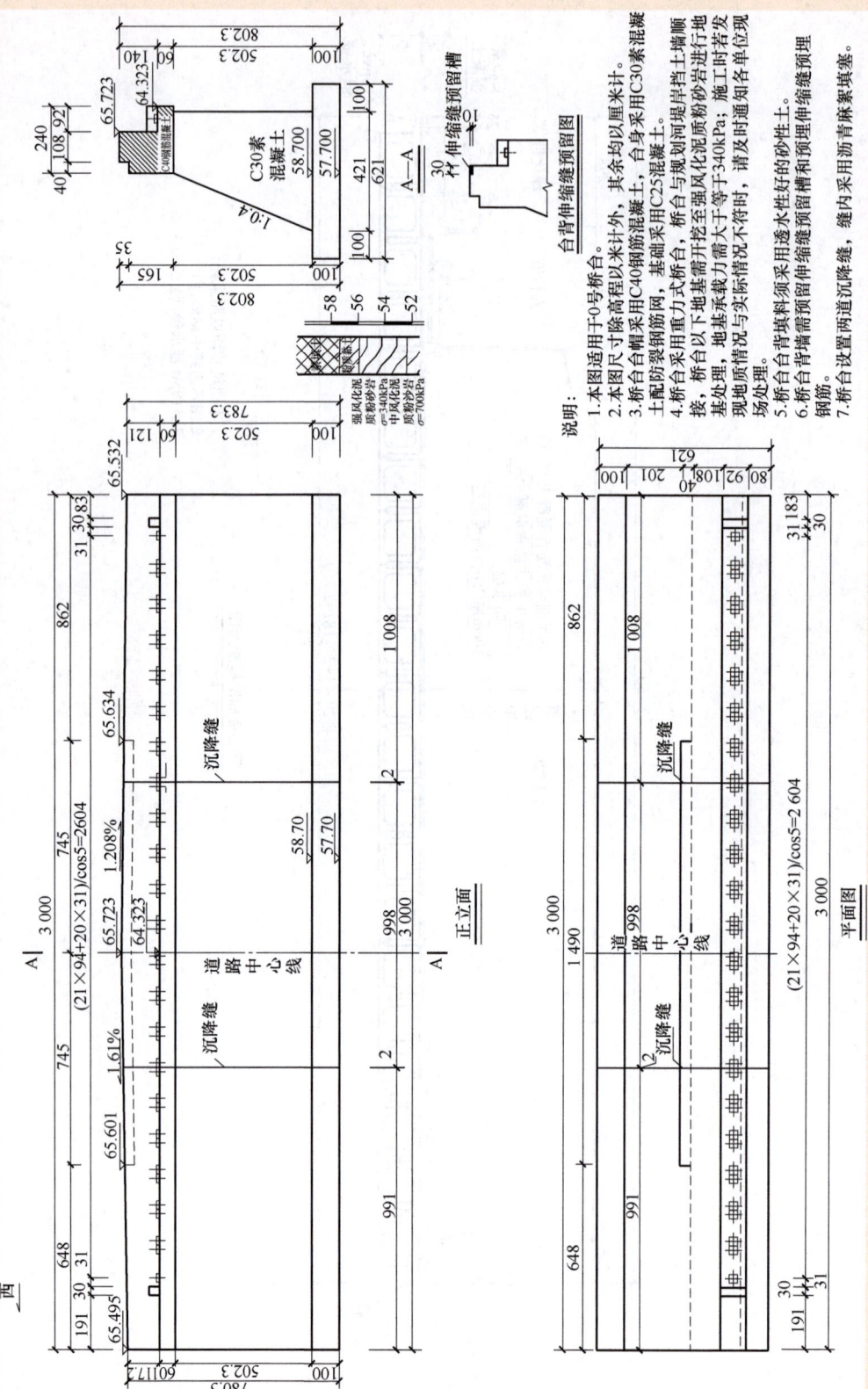

图 5-3 0#桥台一般构造图

项目5　市政桥涵工程计量与计价

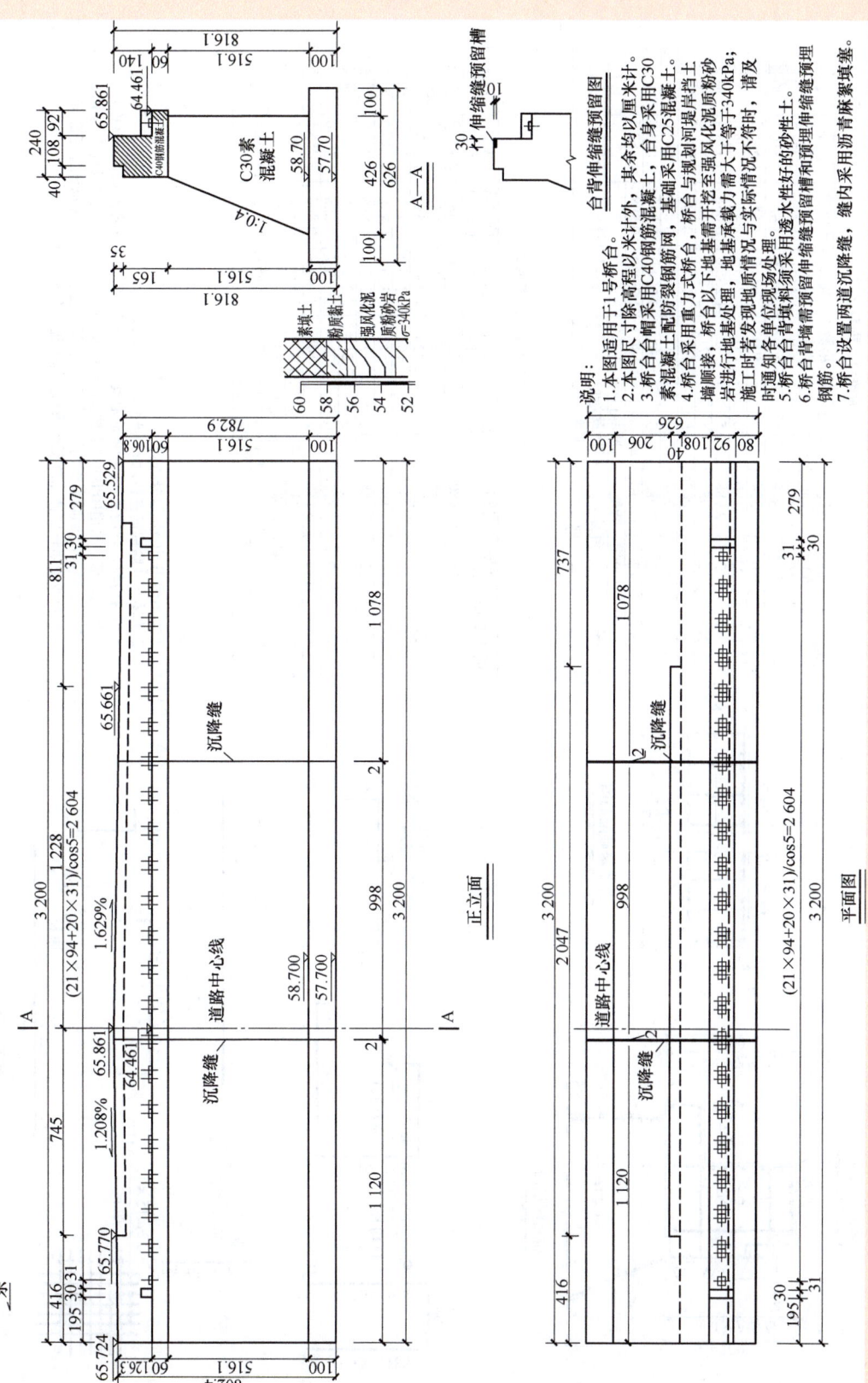

图 5-4　1#桥台一般构造图

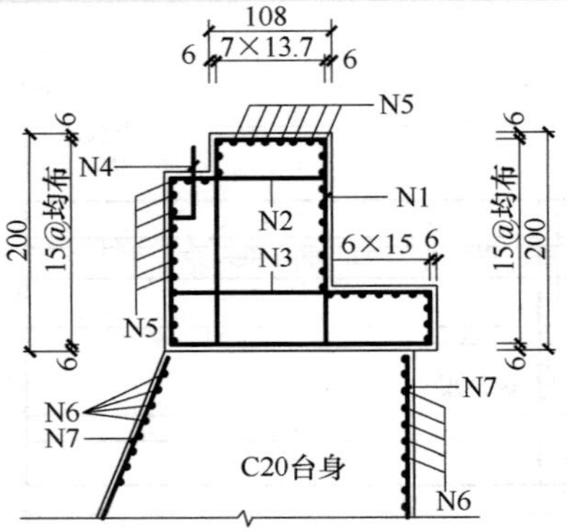

0#桥台工程数量表

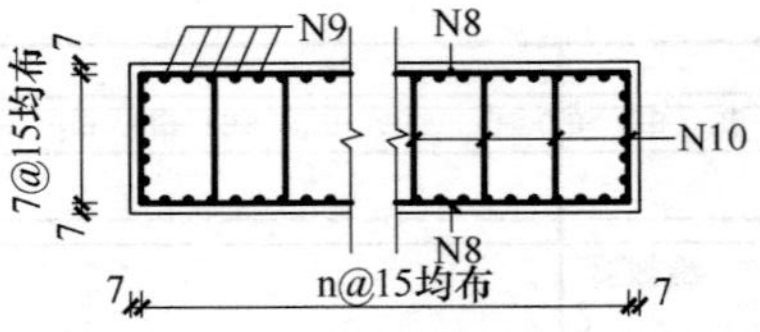

部位	钢筋编号	直径/mm	长度/cm	间距/cm	根数/根	共长/m	单位重(kg/m)	共重/kg	备注
台帽	N1	16	480	10	300	1440.0	1.58	2275.2	均长
	N2	16	538	10	300	1614.0	1.58	2550.1	均长
	N3	16	324	10	300	972.0	1.58	1535.8	均长
	N4	22	190	20	151	286.9	2.47	708.6	均长
台身	N5	12	2988	15	42	1255.0	0.888	1114.4	通长
	N6	12	2988	15	71	2121.5	0.888	1883.9	通长
	N7	12	1047	15	201	2104.5	0.888	1868.8	通长
	N8	12	707	20	151	1067.6	0.888	948.0	通长
	N9	12	2986	15	108	3224.9	0.888	2863.7	通长
基础		12	110	45×40	1180	1298.0	0.888	1152.6	
	C40混凝土/m³	102.0							
	C30混凝土/m³	482.6						钢筋合计/kg	16 901.1
	C25混凝土/m³	186.3							

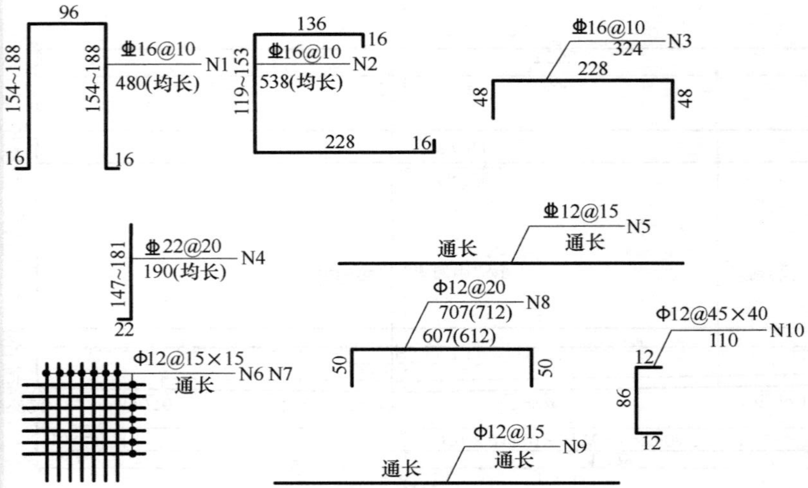

1#桥台工程数量表

部位	钢筋编号	直径/mm	长度/cm	间距/cm	根数/根	共长/m	单位重(kg/m)	共重/kg	备注
台帽	N1	16	480	10	320	1536.0	1.58	2426.9	均长
	N2	16	538	10	320	1721.6	1.58	2720.1	均长
	N3	16	324	10	320	1036.8	1.58	1638.1	均长
	N4	22	190	20	161	305.9	2.47	755.6	均长
台身	N5	12	3188	15	42	1339.0	0.888	1189.0	通长
	N6	12	3188	15	71	2263.5	0.888	2010.0	通长
	N7	12	1047	15	214	2240.6	0.888	1989.6	通长
	N8	12	712	20	214	1523.7	0.888	1353.0	通长
	N9	12	3186	15	108	3440.9	0.888	3055.5	通长
基础		12	110	45×40	1270	1397.0	0.888	1240.5	
	C40混凝土/m³	108.8							
	C30混凝土/m³	533.7						钢筋合计/kg	18 378.4
	C25混凝土/m³	200.4							

说明：

1. 本图适用于0号、1号桥台。
2. 本图尺寸除钢筋直径以mm计外，其余均以cm计。
3. 桥台台帽、背墙采用C40钢筋混凝土，钢筋主筋和分布钢筋采用HRB400级钢筋，箍筋采用HPB300级钢筋；台身采用C30混凝土，在台身前后两个面配φ12@15×15cm防裂钢筋网；基础采用C25混凝土；N10等筋成梅花形布置。
4. 桥台背墙霄留伸缩缝预留槽和预埋伸缩缝预埋钢筋。

图 5-5 桥台配筋图

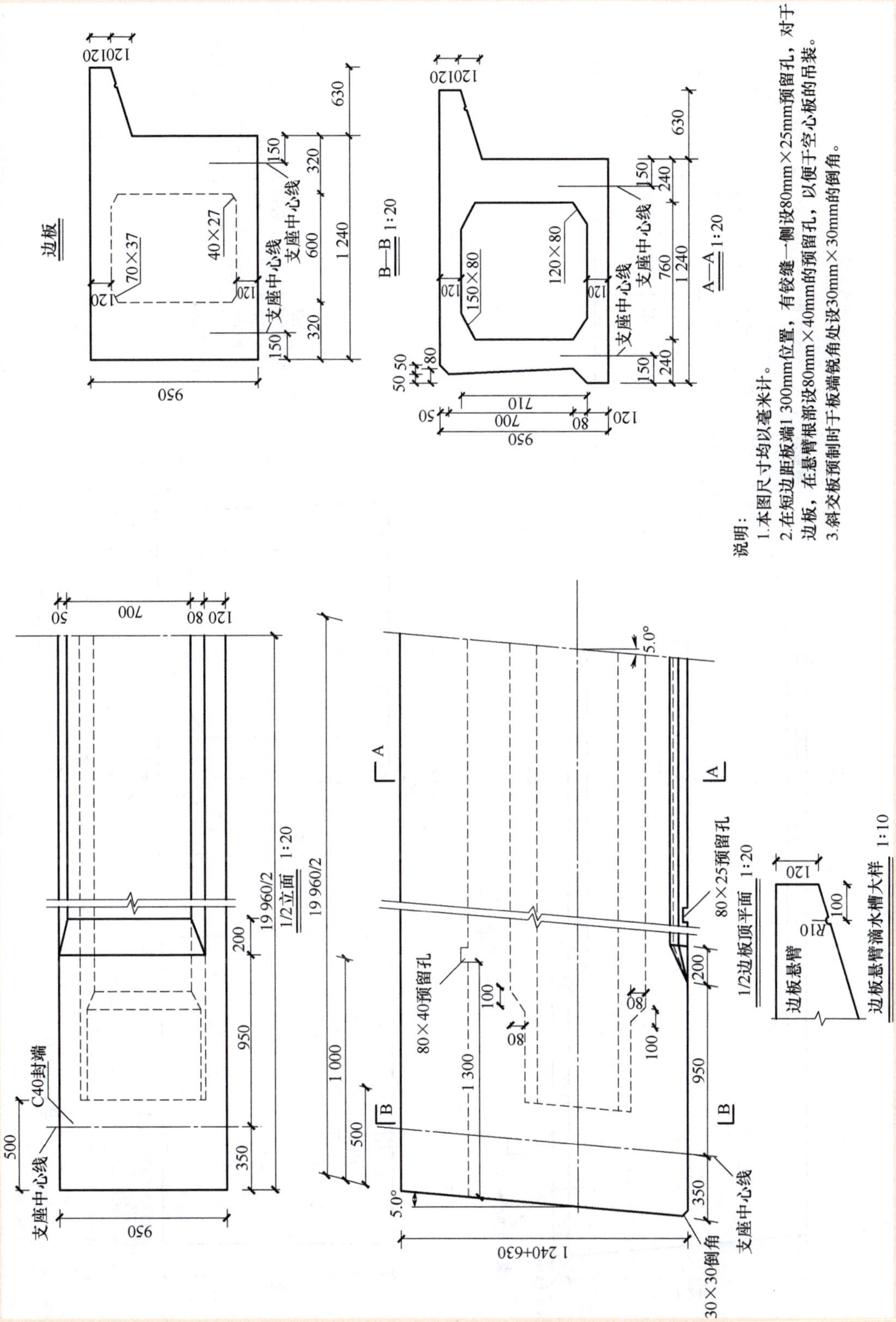

说明：
1.本图尺寸均以毫米计。
2.在短边距板端1 300mm位置，有铰缝一侧设80mm×25mm预留孔，对于边板，在悬臂根部设80mm×40mm的预留孔，以便于空心板的吊装。
3.斜交板预制时于板端锐角处设30mm×30mm的倒角。

图 5-6　空心板构造图（1）

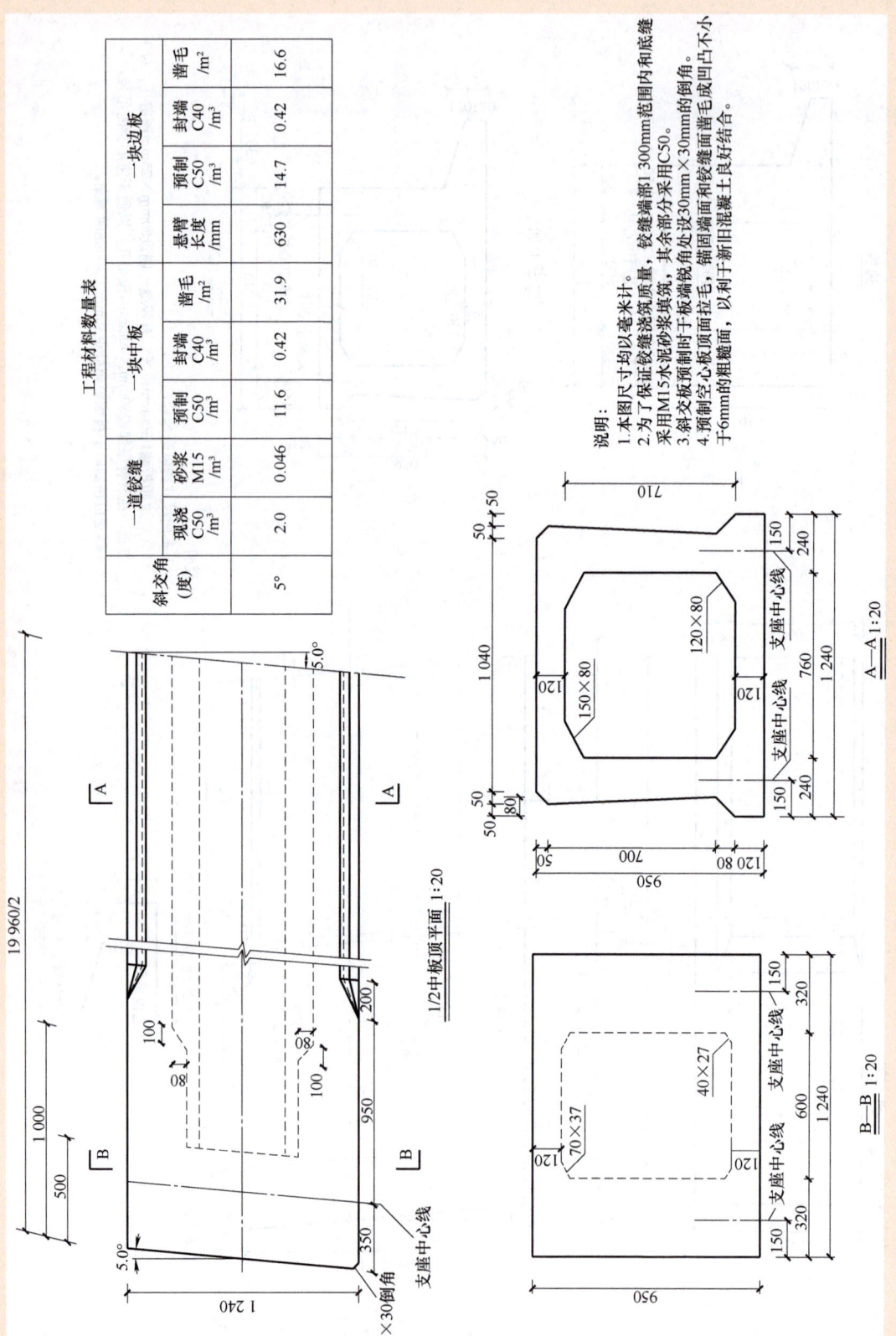

图 5-7 空心板板构造图（2）

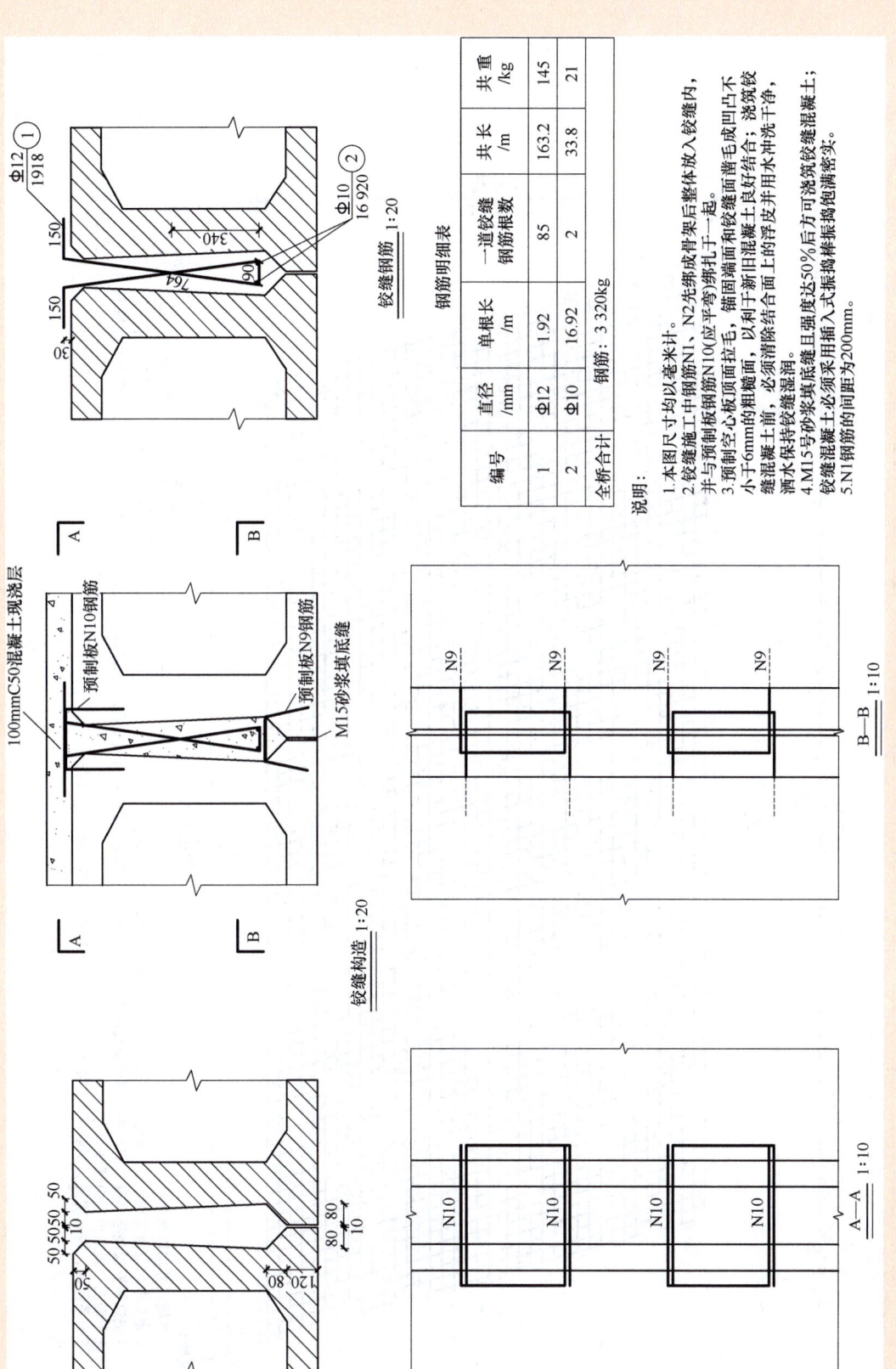

图 5-8 铰缝钢筋构造图

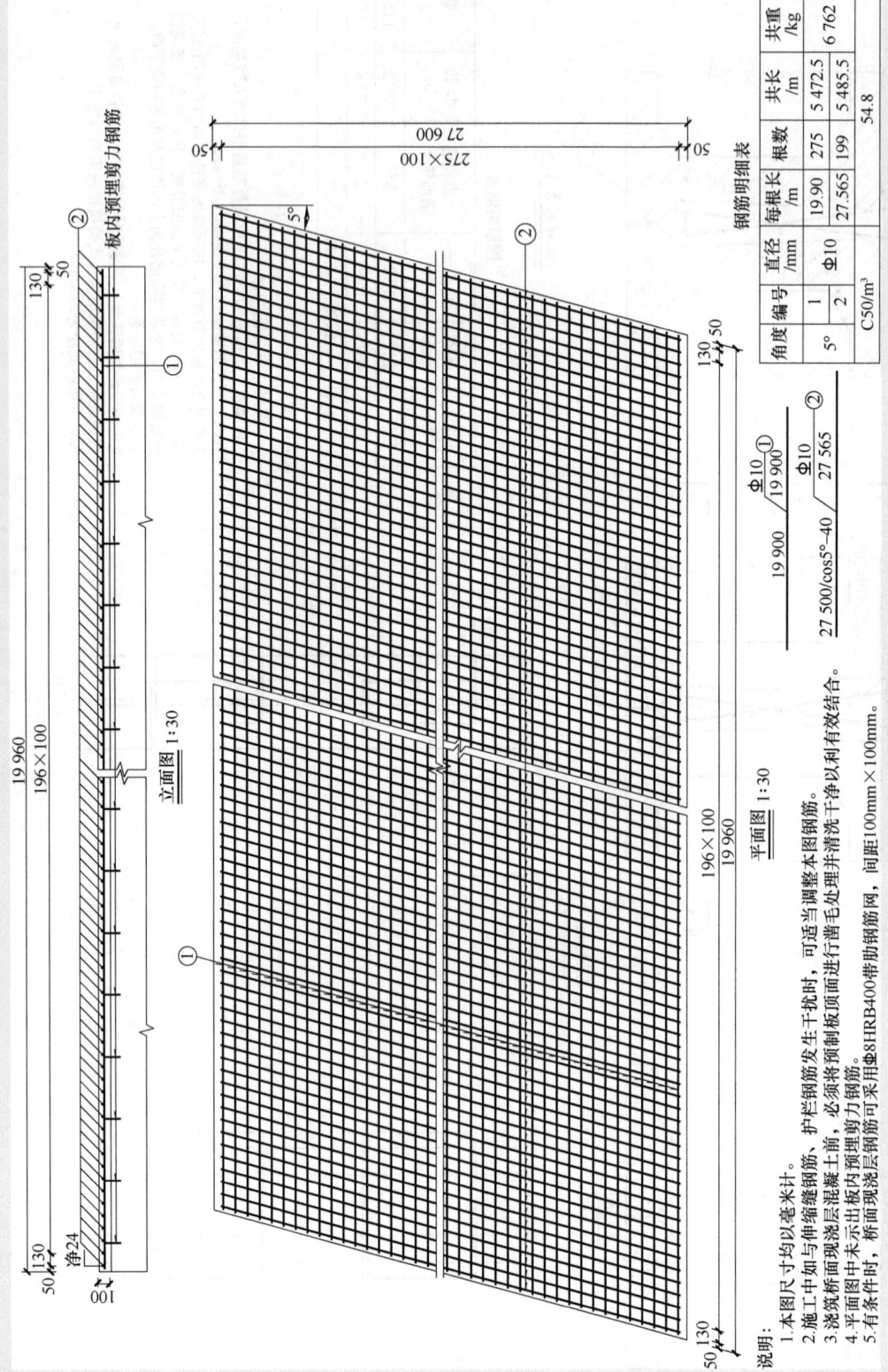

图 5-9 桥面现浇层钢筋构造图

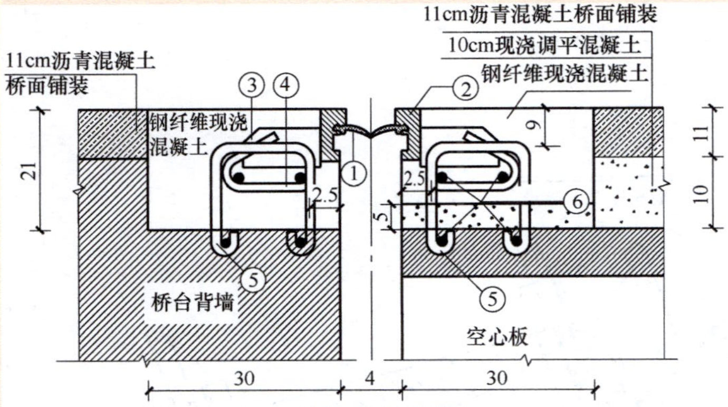

项目 5 市政桥涵工程计量与计价

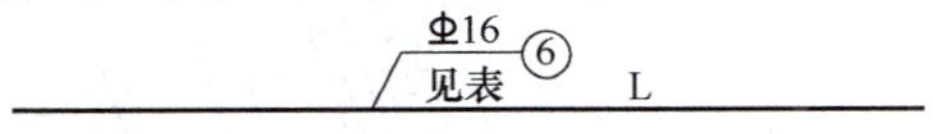

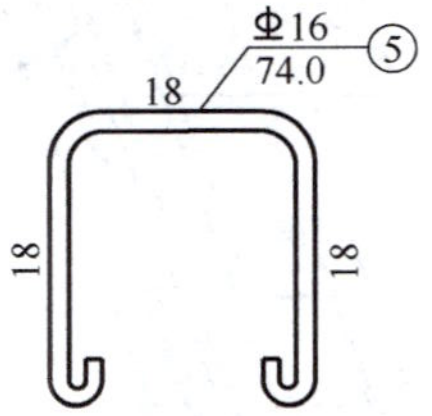

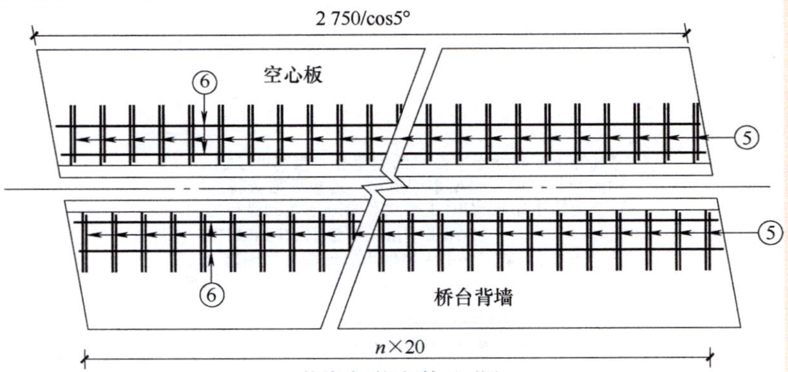

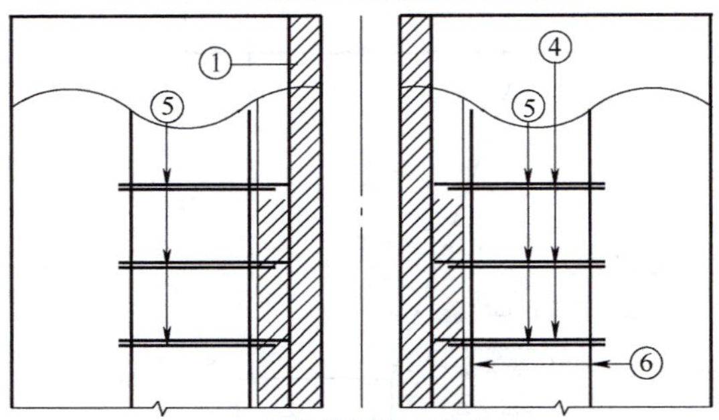

图 5-10 伸缩缝构造图

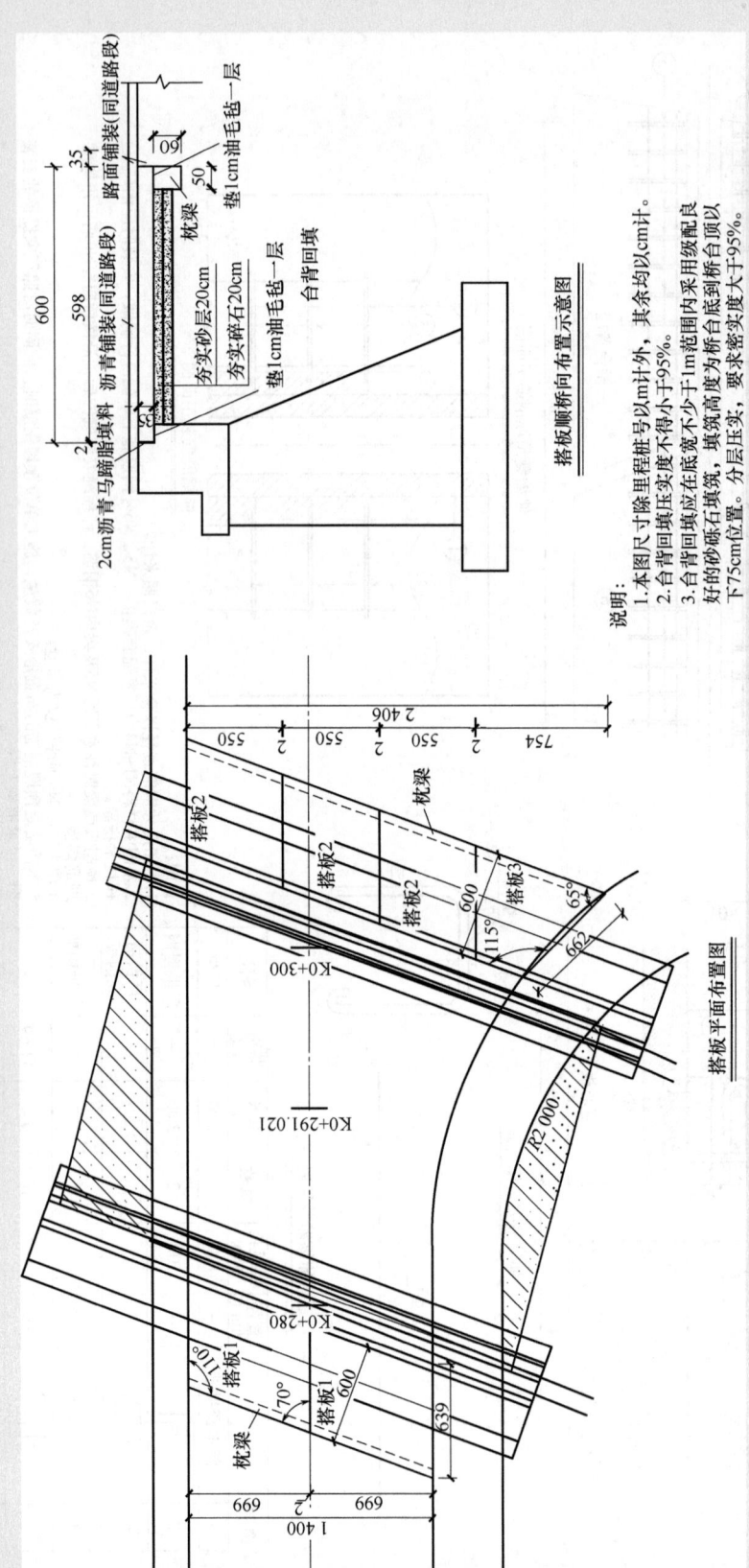

图 5-11 搭板构造图

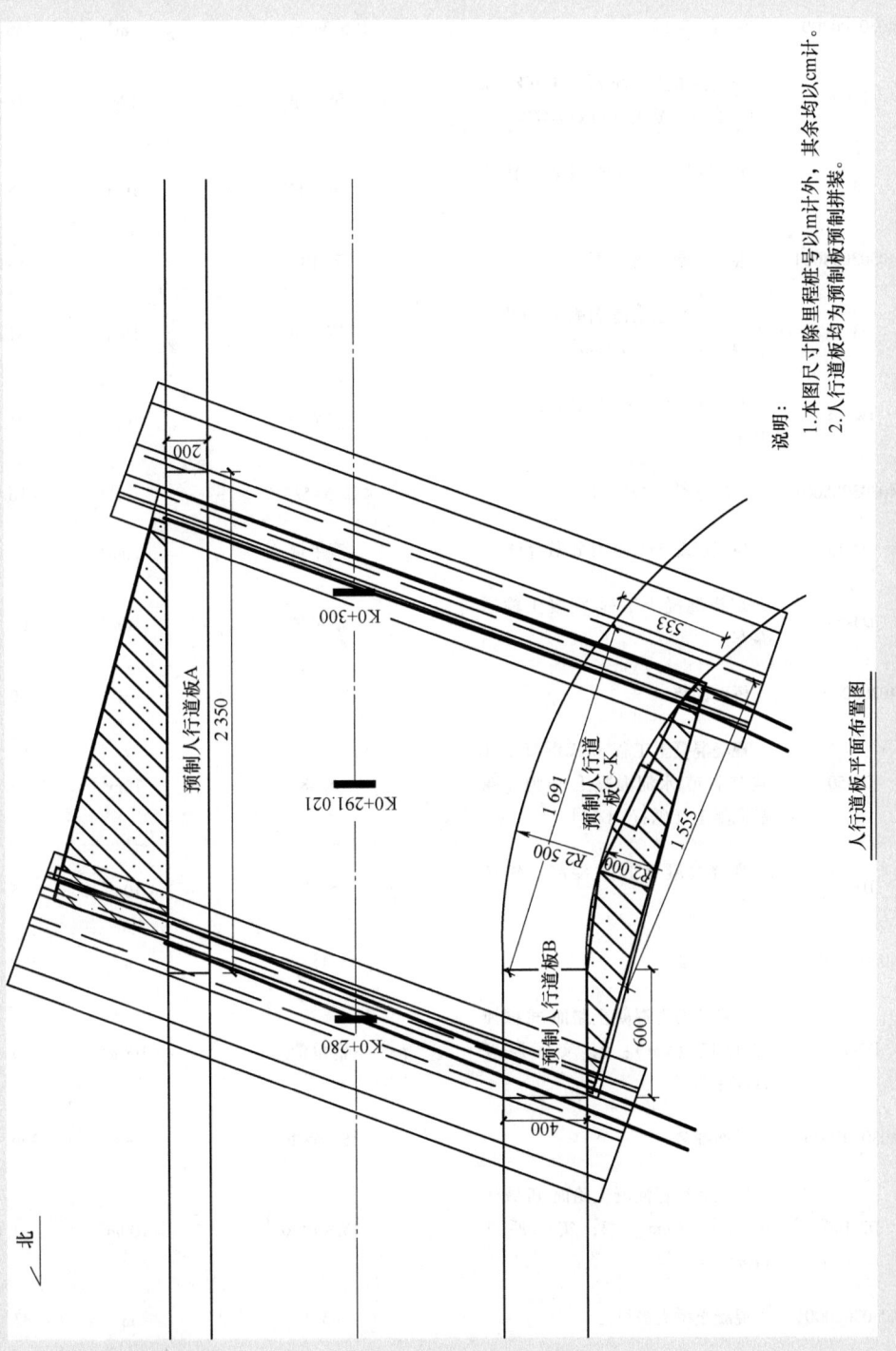

图 5-12 人行道板平面布置图

表 5-20 工程量计算表（部分）

序号	项目编码	项目名称	工程量表达式	计量单位	工程数量
1	040303002001	混凝土基础	186.3+200.4	m³	386.7
	D3-3	现浇混凝土工程 混凝土基础 换为[商品混凝土（砾石）C25]	清单量	10m³	38.67
	D3-53	现浇混凝土工程 混凝土输送泵车	清单量	10m³	38.67
2	040303004001	混凝土墩（台）帽	102+108.8	m³	210.8
	D3-15	现浇混凝土工程 台帽 换为[商品混凝土（砾石）C40]	清单量	10m³	21.08
	D3-53	现浇混凝土工程 混凝土输送泵车	清单量	10m³	21.08
3	040303005001	混凝土墩（台）身	482.6+533.7	m³	1 016.3
	D3-13	现浇混凝土工程 柱式墩台身	清单量	10m³	101.63
	D3-53	现浇混凝土工程 混凝土输送泵车	清单量	10m³	101.63
4	040303019001	桥面铺装	27.5×20	m²	550
	D3-50	现浇混凝土工程 桥面混凝土铺装 车行道 水泥混凝土 换为[商品混凝土（砾石）C50]	5.48	10m³	5.48
	D3-53	现浇混凝土工程 混凝土输送泵车	5.48	10m³	5.48
5	040303019002	桥面铺装	15.45×20	m²	309
	D2-102	中粒式沥青混凝土路面 机械摊铺 厚度（cm）：5；实际厚度（cm）：7	清单量	100m²	3.09
6	040303019003	桥面铺装	15.45×20	m²	309
	D2-106	细粒式沥青混凝土路面 机械摊铺 厚度（cm）：3；实际厚度（cm）：4	15.45×20	100m²	3.09
7	040303020001	混凝土桥头搭板	83.1	m³	83.1
	D3-38	现浇混凝土工程 搭板	清单量	10m³	8.31

(续)

序号	项目编码	项目名称	工程量表达式	计量单位	工程数量
	D3-53	现浇混凝土工程 混凝土输送泵车	清单量	10m³	8.31
8	040303021001	混凝土搭板枕梁	0.5×0.6×(14/0.939 6+24.06/0.906)	m³	12.44
	D3-39	现浇混凝土工程 枕梁	清单量	10m³	1.243 69
	D3-53	现浇混凝土工程 混凝土输送泵车	清单量	10m³	1.243 69
9	040303024001	混凝土其他构件（板间灌缝）	2.0×20	m³	40
	D3-45	现浇混凝土工程 混凝土接头及灌缝 板梁间灌缝 换为［商品混凝土（砾石）C50］	清单量	10m³	4
	D3-53	现浇混凝土工程 混凝土输送泵车	清单量	10m³	4
10	040304001001	预制混凝土梁	(11.6×9+14.7×2)	m³	133.8
	D3-70	空心板 预制 换为［商品混凝土（砾石）C50］	清单量×(1+0.8%+0.7%)	10m³	13.580 7
	D3-71	空心板 起重机安装	清单量×(1+0.7%)	10m³	13.473 66
11	040304005001	预制混凝土其他构件（人行道板）	2.6+1.4	m³	4
	D3-68	矩形板 预制 换为［商品混凝土（砾石）C30］	清单量×(1+0.8%+0.7%)	10m³	0.406
	D3-69	矩形板 起重机安装	清单量×(1+0.7%)	10m³	0.402 8
12	040309007001	桥梁伸缩装置	27.5/0.996	m	27.61
	D3-319	安装伸缩缝 梳型钢板	清单量	10m	2.761 04
13	041106001001	大型机械设备进出场及安拆	1	台·次	1
	J14-35	场外运费 压路机	1	台次	1
14	041106001003	大型机械设备进出场及安拆	1	台·次	1
	J14-35	场外运费 压路机	1	台次	1
15	041106001002	大型机械设备进出场及安拆	1	台·次	1
	J14-37	场外运费 沥青混凝土摊铺机	1	台次	1

表 5-21　招标控制价封面

<u>长沙市某桥梁工程</u>

招标控制价

招　标　人：_____

（单位盖章）

造价咨询人：_____

（单位盖章）

年　　月　　日

表 5-22 招标控制价扉页

<u>长沙市某桥梁工程</u>

招标控制价

招标控制价 （小写）：<u>2 210 912.23</u>

（大写）：<u>贰佰贰拾壹万零玖佰壹拾贰元贰角叁分</u>

招 标 人：_____ 造价咨询人：_____

（单位盖章） （单位资质专用章）

法定代表人 法定代表人
或其授权人：_____ 或其授权人：_____

（签字或盖章） （签字或盖章）

编 制 人：_____ 复 核 人：_____

（造价人员签字盖专用章） （造价工程师签字盖专用章）

编制时间： 复核时间：

表5-23　工程计价总说明

总　说　明

工程名称：长沙市某桥梁工程　　　　　　　　　　　　　　　　　　第　页　共　页

一、工程概况

桥梁中心里程（里程系统采用独立里程系统）为 K0+291.021m，桥梁起点桩号为 K0+273.921，终点桩号为 K0+308.121，桥梁中心线与河道中心线成 90°角，与道路中心线成 70.4°角，桥梁平面位于直线上，右幅平面进入××路与××路平交口曲线上。桥梁上部为预应力混凝土空心板，桥梁宽度 27.5m。

二、编制依据

1. 长沙市某桥梁工程施工图。
2. 招标文件。
3. 《湖南省建设工程计价办法》（2020年）。
4. 与建设工程有关的标准、规范、技术资料。
5. 《建设工程工程量清单计价规范》（GB 50500—2013）。
6. 《市政工程工程量计算规范》（GB 50857—2013）。
7. 《湖南省市政工程消耗量标准》（2020年）。
8. 材料价格参考《长沙建设造价》2021年2月，当工程造价信息没有发布时，参考周边城市工程造价信息和当地合理市场价。
9. 常规、合理可行的施工方案，对危险性较大的分部分项工程应依据专家论证的施工方案进行编制。
10. 其他相关资料。

三、其他

1. 本工程暂列金额取 250 000 元。
2. 根据《关于机械费调整及有关问题的通知》（湘建价市〔2020〕46号）机械需要乘以调整系数 0.92。

表5-24　单位工程招标控制价汇总表

工程名称：长沙市某桥梁工程　　　标段：　　　　　　　　　　第　页　共　页

序号	工程内容	计费基础说明	费率（%）	金额	其中：暂估价/元
一	分部分项工程费	分部分项费用合计		1 687 345.6	
1	直接费			1 459 010.61	
1.1	人工费			190 874.77	
1.2	材料费			1 215 499.98	
1.2.1	其中：工程设备费/其他	（详见《市政工程工程量计算规范》（GB 50857—2013）附录 C 说明第 2 条规定计算）			
1.3	机械费			52 635.86	

（续）

序号	工程内容	计费基础说明	费率(%)	金额	其中：暂估价/元
2	管理费		9.65	140 794.54	
3	其他管理费	（详见《市政工程工程量计算规范》（GB 50857—2013）附录C说明第2条规定计算）	2		
4	利润		6	87 541.43	
二	措施项目费	1+2+3		73 406.72	
1	单价措施项目费	单价措施项目费合计		10 073.96	
1.1	直接费			8 710.73	
1.1.1	人工费				
1.1.2	材料费				
1.1.3	机械费			8 710.73	
1.2	管理费		9.65	840.59	
1.3	利润		6	522.64	
2	总价措施项目费	（按表5-27总价措施项目计价表计算）		2 715.87	
3	绿色施工安全防护措施项目费	（按表5-28绿色施工安全防护措施费计价表计算）	4.13	60 616.89	
3.1	其中安全生产费	（按表5-28绿色施工安全防护措施费计价表计算）	2.63	38 601.07	
三	其他项目费	（按表5-29其他项目计价汇总表计算）		267 607.52	
四	税前造价	一+二+三		2 028 359.84	
五	销项税额	四	9	182 552.39	
	单位工程建安造价	四+五		2 210 912.23	

表 5-25　分部分项工程项目清单与措施项目清单计价表

工程名称：长沙市某桥梁工程　　　标段：　　　　　　　　　　　　　　　　　　　　　第　页　共　页

序号	项目编码	项目名称	项目特征描述	计量单位	工程量	金额/元		
						综合单价	合价	其中：暂估价
1		整个项目					1 687 345.6	
		混凝土基础					284 166.5	
1.1	040303002001	现浇混凝土工程 混凝土基础 换为［商品混凝土（砾石）C25］	1. 混凝土强度等级：C25 2. 部位：基础	10m³	38.67	734.85	272 815.3	
1.2	D3-3 换	现浇混凝土工程 混凝土输送 泵车		10m³	38.67	7 054.96	11 350.03	
	D3-53					293.51		
2		混凝土墩（台）帽		m³	210.8	823.6	173 614.88	
2.1	040303004001	现浇混凝土工程 台帽 换为［商品混凝土（砾石）C40］	1. 部位：台帽 2. 混凝土强度等级：C40	10m³	21.08	7 942.48	167 427.48	
2.2	D3-15 换	现浇混凝土工程 混凝土输送 泵车		10m³	21.08	293.51	6 187.19	
	D3-53							
3		混凝土墩（台）身		m³	1 016.3	789.57	802 439.99	
3.1	040303005001	现浇混凝土工程 柱式墩身	1. 部位：台身 2. 混凝土强度等级：C30	10m³	101.63	7 602.22	772 613.62	
3.2	D3-13	现浇混凝土工程 混凝土输送 泵车		10m³	101.63	293.51	29 829.42	
	D3-53							
4		桥面铺装		m²	550	109.91	60 450.5	
4.1	040303019001	现浇混凝土工程 桥面混凝土铺装 车行道水泥混凝土 换为［商品混凝土（砾石）C50］	混凝土强度等级：C50	10m³	5.48	10 738.09	58 844.73	
	D3-50 换							

项目5 市政桥涵工程计量与计价

工程名称：长沙市某桥梁工程　　标段：　　　　　　　　　　　　　　　　　　　　　　　　　　　第　页　共　页

（续）

序号	项目编码	项目名称	项目特征描述	计量单位	工程量	金额/元		
						综合单价	合价	其中：暂估价
4.2	D3-53	现浇混凝土工程 混凝土输送 泵车	混凝土强度等级：C50	10m³	5.48	293.51	1 608.43	
5	040303019002	桥面铺装	1. 沥青混凝土种类：AC-16 2. 厚度：7cm	m²	309	90.98	28 112.82	
5.1	D2-102 换	中粒式沥青混凝土路面 机械摊铺 厚度（cm）：5；实际厚度（cm）：7		100m²	3.09	9 097.52	28 111.34	
6	040303019003	桥面铺装	1. 沥青混凝土种类：AC-13 2. 厚度：4cm	m²	309	56.74	17 532.66	
6.1	D2-106 换	细粒式沥青混凝土路面 机械摊铺 厚度（cm）：3；实际厚度（cm）：4		100m²	3.09	5 673.68	17 531.67	
7	040303020001	混凝土桥头搭板	混凝土强度等级：C30	m³	83.1	814.49	67 684.12	
7.1	D3-38	现浇混凝土工程 搭板		10m³	8.31	7 851.37	65 244.88	
7.2	D3-53	现浇混凝土工程 混凝土输送 泵车		10m³	8.31	293.51	2 439.07	
8	040303021001	混凝土搭板枕梁	混凝土强度等级：C30	m³	12.44	805.63	10 022.04	
8.1	D3-39	现浇混凝土工程 枕梁		10m³	1.243 69	7 764.82	9 657.03	
8.2	D3-53	现浇混凝土工程 混凝土输送 泵车		10m³	1.243 69	293.51	365.04	
9	040303024001	混凝土其他构件（板间灌缝）	1. 名称、部位：板间灌缝 2. 混凝土强度等级：C50	10m³	40	1 195.6	47 824	
9.1	D3-45 换	现浇混凝土工程 混凝土接头及灌缝 板梁同灌缝 换为 [商品混凝土（砾石）C50]		10m³	4	11 662.44	46 649.76	
9.2	D3-53	现浇混凝土工程 混凝土输送 泵车		10m³	4	293.51	1 174.04	

工程名称：长沙市某桥梁工程　　标段：　　　　　　　　　　　　　　　　　　　　　　　　　　　　　　　　第　页　共　页（续）

序号	项目编码	项目名称	项目特征描述	计量单位	工程量	综合单价	金额/元 合价	其中：暂估价
10	040304001001	预制混凝土梁	1.部位：空心板梁 2.混凝土强度等级：C50	m³	133.8	1 008.61	134 952.02	
10.1	D3-70 换	空心板 预制 换为［商品混凝土（砾石）C50］		10m³	13.580 7	9 235.82	125 428.9	
10.2	D3-71	空心板 起重机安装		10m³	13.473 66	706.75	9 522.51	
11	040304005001	预制混凝土其他构件（人行道板）	1.部位：人行道板 2.混凝土强度等级：C30	m³	4	886.1	3 544.4	
11.1	D3-68 换	矩形板 预制 换为［商品混凝土（砾石）C30］		10m³	0.406	7 678.24	3 117.37	
11.2	D3-69	矩形板 起重机安装		10m³	0.4028	1 060.17	427.04	
12	040309007001	桥梁伸缩装置	1.材料品种：梳型钢板 2.规格、型号：20mm 外	m	27.61	2 064.53	57 001.67	
12.1	D3-319	安装伸缩缝 梳型钢板		10m	2.761 04	20 645.02	57 001.73	
		单价措施费					10 073.96	
1	041106001001	大型机械设备进出场及安拆	1.机械设备名称：轮胎压路机	台·次	1	2 446.24	2 446.24	
1.1	J14-35	场外运费 压路机	2.机械设备规格型号：26t	台·次	1	2 446.24	2 446.24	
2	041106001003	大型机械设备进出场及安拆	1.机械设备名称：钢轮振动压路机	台·次	1	2 446.24	2 446.24	
2.1	J14-35	场外运费 压路机	2.机械设备规格型号：13t	台·次	1	2 446.24	2 446.24	
3	041106001002	大型机械设备进出场及安拆	1.机械设备名称：沥青混凝土摊铺机	台·次	1	5 181.48	5 181.48	
3.1	J14-37	场外运费 沥青混凝土摊铺机	2.机械设备规格型号：8t	台·次	1	5 181.48	5 181.48	
		合计					1 697 419.56	

注：1.本表工程量清单项目综合单价与表5-26综合单价分析表综合的内容应相同；
　　2.此表用于竣工结算时无暂估价。

项目5　市政桥涵工程计量与计价

表5-26　综合单价分析表

工程名称：长沙市某桥梁工程　　　标段：　　　　　　　　　　　　　　　　　　　　　　　　　　　　第　页　共　页

清单编码	04030302001		项目名称	混凝土基础		计量单位	m³	数量	386.7	综合单价		合价/元	734.85
消耗量标准编号	项目名称	单位	数量	单价/元					合计（直接费）	管理费 9.65%	其他管理费 2%	利润 6%	合价/元
				人工费	材料费	机械费							
D3-3 换	现浇混凝土工程 混凝土基础 换为[商品混凝土（砾石）C25]	10m³	38.67	618.75	5 470.29	11.22			6 100.26	22 764.07		14 153.82	272 814.94
D3-53	现浇混凝土工程 混凝土输送 泵车	10m³	38.67		4.23	249.56			253.79	947.06		588.84	11 349.96
			累计/元	23 927.06	211 699.69	10 084.36			245 711.11	23 711.12		14 742.67	284 164.90
材料费明细表	材料，名称，规格，型号			单位	单价	数量	合价			暂估单价			暂估合价
	无纺土工布			m²	49.459	1.5	74.19						
	水			t	182.136	4.39	799.58						
	其他材料费			元	3 151.566	1	3 151.57						
	商品混凝土（砾石）C25			m³	392.501	529.11	207 676.2			—			—
	材料费合计						211 699.68						

清单编码	04030304001		项目名称	混凝土墩（台）帽		计量单位	m³	数量	210.8	综合单价		合价/元	823.6
消耗量标准编号	项目名称	单位	数量	单价/元					合计（直接费）	管理费 9.65%	其他管理费 2%	利润 6%	合价/元
				人工费	材料费	机械费							
D3-15 换	现浇混凝土工程 台帽 换为[商品混凝土（砾石）C40]	10m³	21.08	755	6 101.2	11.49			6 867.69	13 970.35		8 686.22	167 427.48
D3-53	现浇混凝土工程 混凝土输送 泵车	10m³	21.08		4.23	249.56			253.79	516.25		321.05	6 187.19
			累计/元	15 915.4	128 702.46	5 502.93			150 120.8	14 486.6		9 007.27	173 614.67
材料费明细表	材料，名称，规格，型号			单位	单价	数量	合价			暂估单价			暂估合价
	无纺土工布			m²	43.383	1.5	65.07						
	水			t	107.508	4.39	471.96						
	其他材料费			元	1 843.256	1	1 843.26						
	商品混凝土（砾石）C40			m³	213.962	590.4	126 323.16			—			—
	材料费合计						128 702.47						

工程名称：长沙市某桥梁工程　　　　标段：　　　　　　　　　　　　　　　第　页　共　页
（续）

清单编码	040303005001	项目名称	现浇混凝土工程 柱式墩（台）身	计量单位	m³	数量	101.63	综合单价	1 016.3	合价/元	789.57

消耗量 标准编号	项目名称	单位	数量	合计 (直接费)	单价/元				管理费 9.65%	其他管理费 2%	利润 6%	合价/元
					人工费	材料费	机械费					
D3-13	现浇混凝土工程 柱式墩台身	10m³	101.63	6 573.47	895	5 665.9	12.57		64 467.97		40 083.89	772 613.62
D3-53	混凝土输送 泵车	10m³	101.63	253.79		4.23	249.56		2 488.92		1 547.82	29 829.42
累计/元				693 854.43	90 958.85	576 255.31	26 640.27		66 956.89		41 631.71	802 443.04

材料费 明细表	材料、名称、规格、型号	单位	数量	单价	合价	暂估单价	暂估合价
	无纺土工布	m²	727.468	1.5	1 091.2		
	水	t	378.064	4.39	1 659.7		
	其他材料费	元	8 889.068	1	8 889.07		
	商品混凝土（砾石）C30	m³	1 031.545	547.35	564 616.16		
	材料费合计	元	—	—	576 255.31		

清单编码	040303019001	项目名称	现浇混凝土工程 桥面混凝土	计量单位	m²	数量	5.48	综合单价	1 436.47	合价/元	109.91

消耗量 标准编号	项目名称	单位	数量	合计 (直接费)	单价/元				管理费 9.65%	其他管理费 2%	利润 6%	合价/元
					人工费	材料费	机械费					
D3-50 换	现浇混凝土工程 桥面混凝土 铺装 车行道 水泥混凝土 换为 [商品混凝土（砾石）C50]	10m³	5.48	9 284.99	2 549.13	6 723.29	12.57		4 910.08		3 052.91	58 844.73
D3-53	混凝土输送 泵车	10m³	5.48	253.79		4.23	249.56		134.21		83.46	1 608.43
累计/元				52 272.51	13 969.23	36 866.81	5 044.29		3 136.37		60 453.16	

材料费 明细表	材料、名称、规格、型号	单位	数量	单价	合价	暂估单价	暂估合价
	无纺土工布	m²	170.264	1.5	255.4		
	水	t	43.215	4.39	189.71		
	其他材料费	元	451.437	1	451.44		
	商品混凝土（砾石）C50	m³	55.622	646.69	35 970.19		
	材料费合计	元	—	—	36 866.81		

工程名称：长沙市某桥梁工程　　　　标段：　　　　　　　　　　　　　　　　　　　　　　　　　　第　页　共　页

清单编码	040303019002	项目名称	桥面铺装		计量单位	m²	数量	309	综合单价		合价/元 90.98
消耗量标准编号	项目名称	单位	数量	合计（直接费）	单价/元						
					人工费	材料费	机械费	管理费 9.65%	其他管理费 2%	利润 6%	合价/元
D2-102换	中粒式沥青混凝土路面 机械摊铺 厚度（cm）：5；实际厚度（cm）：7	100m²	3.09	7 866.42	707.5	6 917.42	241.5	2 345.65		1 458.45	28 111.34
	累计/元			24 307.24	2 186.18	21 374.83	746.24	2 345.65		1 458.45	28 111.34
材料费明细表	材料、名称、规格、型号	单位	数量	单价				合价	暂估单价		暂估合价
	其他材料费	元		1				317.02			
	柴油 0#	kg	77.25	6.17				476.63			
	商品沥青混凝土 AC-16	m³	21.846	942.08				20 580.68			
	材料费合计	元		—				21 374.83	—		

清单编码	040303019003	项目名称	桥面铺装		计量单位	m²	数量	309	综合单价		合价/元 56.74
消耗量标准编号	项目名称	单位	数量	合计（直接费）	单价/元						
					人工费	材料费	机械费	管理费 9.65%	其他管理费 2%	利润 6%	合价/元
D2-106换	细粒式沥青混凝土路面 机械摊铺 厚度（cm）：3；实际厚度（cm）：4	100m²	3.09	4 905.91	511.25	4 225.07	169.59	1 462.87		909.54	17 531.67
	累计/元			15 159.26	1 579.76	13 055.47	524.03	1 462.87		909.54	17 531.67
材料费明细表	材料、名称、规格、型号	单位	数量	单价				合价	暂估单价		暂估合价
	其他材料费	元		1				193.17			
	柴油 0#	kg	15.45	6.17				95.33			
	商品沥青混凝土 AC-13	m³	12.515	1 020.17				12 767.43			
	材料费合计	元		—				13 055.47	—		

工程名称：长沙市某桥梁工程　　标段：　　　　　　　　　　　　　　　　　　　　　　　第　页　共　页（续）

清单编码	项目名称	计量单位	数量	综合单价	合价/元
04030302001	混凝土桥头搭板	m³	83.1	814.49	67683.95

消耗量标准编号	项目名称	单位	数量	单价/元							合价/元
				合计（直接费）	人工费	材料费	机械费	管理费 9.65%	其他管理费 2%	利润 6%	
D3-38	现浇混凝土工程 搭板	10m³	8.31	6788.91	1103.88	5672.46	12.57	5444.13		3384.91	65244.88
D3-53	现浇混凝土工程 混凝土输送 泵车	10m³	8.31	253.79		4.23	249.56	203.51		126.56	2439.07
累计/元				58524.84	9173.24	47173.29	2178.3	5647.64		3511.47	67683.95

材料费明细表

材料，名称，规格，型号	计量单位	数量	单价	合价
无纺土工布	m²	55.403		
水	t	44.542	1.5	
其他材料费	元	727.632	1	727.63
商品混凝土（砾石）C30	m³	84.347	547.35	46167.33
材料费合计	元		—	47173.29

清单编码	项目名称	计量单位	数量	综合单价	暂估合价
04030302101	混凝土搭板枕梁	m³	12.44	805.63	

消耗量标准编号	项目名称	单位	数量	单价/元							合价/元
				合计（直接费）	人工费	材料费	机械费	管理费 9.65%	其他管理费 2%	利润 6%	
D3-39	现浇混凝土工程 枕梁	10m³	1.24369	6714.07	1054.25	5647.25	12.57	805.8		501.01	9657.03
D3-53	现浇混凝土工程 混凝土输送 泵车	10m³	1.24369	253.79		4.23	249.56	30.46		18.94	365.04
累计/元				8665.86	1311.16	7028.69	326.01	836.26		519.95	10022.07

材料费明细表

材料，名称，规格，型号	计量单位	数量	暂估单价	暂估合价
水	t	2.462		10.81
其他材料费	元	108.436	1	108.44
商品混凝土（砾石）C30	m³	12.623	547.35	6909.2
材料费合计	元		—	7028.69

第 页 共 页 （续）

工程名称：长沙市某桥梁工程　　　标段：

清单编码	项目名称	计量单位	数量
040303024001	混凝土其他构件（板间灌缝）	m³	40

消耗量标准编号	项目名称	单位	数量	单价/元				合价/元			
				合计（直接费）	人工费	材料费	机械费	管理费	其他管理费	利润	综合单价
D3-45换	现浇混凝土工程 混凝土接头及灌缝 板梁 板缝（砾石）C50 混凝土换为[商品混凝土（砾石）C50]	10m³	4	10 084.25	2 377.5	7 694.18	12.57	3 892.52		2 420.24	46 649.76
D3-53	现浇混凝土工程 混凝土输送 泵车	10m³	4	253.79		4.23	249.56	97.96		60.92	1 174.04
累计/元				41 352.16	9 510	30 793.64	1 048.52	3 990.48	9.65% 2% 6%	2 481.16	47 823.8

材料费明细表	材料、名称、规格、型号	单位	数量	单价	合价	暂估单价	暂估合价
	无纺土工布	m²	24.088	1.5	36.13		
	水	t	34.92	4.39	153.3		
	其他材料费	元	408.26	1	408.26		
	商品混凝土（砾石）C50	m³	40.6	646.69	26 255.61		
	镀锌铁丝 Φ2.8~4.0	kg	428.64	5.65	2 421.82		
	板方材	m³	0.928	1 637.17	1 519.29		
	材料费合计	元	—	—	30 793.64	—	

工程名称：长沙市某桥梁工程　　　标段：　　　　　　　　　　　　　　　　　　第　页　共　页（续）

清单编码	项目名称	计量单位	数量	综合单价	合价/元
040304001001	预制混凝土梁	m³	133.8		1008.61

消耗量标准编号	项目名称	单位	数量	合计（直接费）	单价/元			管理费 9.65%	其他管理费 2%	利润 6%	合价/元
					人工费	材料费	机械费				
D3-70 换	空心板 预制 换为[商品混凝土（砾石）C50]	10m³	13.5807	7986.01	963.75	7009.98	12.28	10465.97		6507.33	125428.9
D3-71	空心板 起重机安装	10m³	13.47366	611.11	320	132.92	158.19	794.54		494.08	9522.51
累计/元				116689.49	17399.97	96991.35	2298.17	11260.51		7001.41	134951.41

材料费明细表	材料、名称、规格、型号	单位	数量	单价	合价	暂估单价	暂估合价
	无纺土工布	m²	66.912	1.5	100.37		
	水	t	152.472	4.39	669.35		
	其他材料费	元	1367.625	1	1367.63		
	普通硅酸盐水泥（P·O）42.5 级	kg	1584.097	0.58	918.78		
	河砂综合	m³	6.963	120	835.56		
	商品混凝土（砾石）C50	m³	143.955	646.69	93094.26		
	材料费合计	元		—	96991.36	—	

工程名称：长沙市某桥梁工程　　标段：　　　　　　　　　　　　　　　　　　　　　　　　　　　　　第　页　共　页（续）

清单编码	040304005001	项目名称	预制混凝土其他构件（人行道板）	计量单位	m³	数量	4	综合单价	886.1

| 消耗量标准编号 | 项目名称 | 单位 | 数量 | 单价/元 | | | | | 管理费 | 其他管理费 | 利润 | 合价/元 |
				合计（直接费）	人工费	材料费	机械费		9.65%	2%	6%	
D3-68 换	矩形板 预制 换为[商品混凝土（砾石）C30]	10m³	0.406	6 639.21	940	5 686.93	12.28		260.12		161.73	3 117.37
D3-69	矩形板 起重机安装	10m³	0.402 8	916.71	607.5	139.57	169.64		35.63		22.15	427.04
累计/元				3 064.77	626.34	2 365.11	73.32		295.75		183.88	3 544.41

材料费明细表	材料、名称、规格、型号	单位	数量	单价	合价	暂估单价	暂估合价
	无纺土工布	m²	2.217	1.5	3.33		
	水	t	2.705	4.39	11.87		
	其他材料费	元	39.115	1	39.12		
	商品混凝土（砾石）C30	m³	4.121	547.35	2 255.63		
	普通硅酸盐水泥（P·O）42.5级	kg	49.678	0.58	28.81		
	河砂 综合	m³	0.218	120	26.16		
	材料费合计	元		—	2 365.11	—	

工程名称：长沙市某桥梁工程　　标段：　　　　　　　　　　　　　　　　　　　　　　　第 页 共 页（续）

清单编码	040309007001	项目名称	桥梁伸缩装置		计量单位	m	数量	27.61			
消耗量标准编号			单价/元						综合单价		合价/元
	项目名称	单位	数量	合计（直接费）	人工费	材料费	机械费	管理费	其他管理费	利润	
D3-319	安装伸缩缝 梳型钢板	10m	2.761 04	17 851.29	1 563.75	15 643.86	643.68	4 756.31	2%	6%	2 064.53
	累计/元			49 288.13	4 317.58	43 193.32	1 777.23	4 756.31		2 957.29	57 001.73
										2 957.29	57 001.73

材料费明细表	材料，名称、规格、型号	单位	数量	单价	合价		暂估单价	暂估合价
	其他材料费	元	639.255	1	639.26			
	圆钢Φ6～Φ10	kg	0.019	4.29	0.08			
	碳钢电焊条 J422 φ4.0	kg	73.388	5.87	430.79			
	沥青砂	t	0.13	500	65			
	石油沥青 30#	kg	138.052	3.38	466.62			
	梳型钢板伸缩缝	m	27.61	1 506.36	41 590.6			
	材料费合计	元		—	43 193.32		—	

清单编码	041106001001	项目名称	大型机械设备进出场及安拆		计量单位	台·次	数量	1			
消耗量标准编号			单价/元						综合单价		合价/元
	项目名称	单位	数量	合计（直接费）	人工费	材料费	机械费	管理费	其他管理费	利润	
J14-35	场外运费 压路机	台次	1	2 115.21			2 115.21	9.65%	6%	126.91	2 446.24
	累计/元			2 115.21			2 115.21	204.12		126.91	2 446.24
								204.12			2 446.24

工程名称：长沙市某桥梁工程　　标段：　　　　　　　　　　　　　　　　　　　　　　　　　　　　　　　　　第 页 共 页（续）

清单编码	041106001003	项目名称	大型机械设备进出场及安拆	计量单位	台·次	数量	1	综合单价	2 446.24
消耗量标准编号	项目名称	单位	数量	合计（直接费）	单价/元				合价/元
^	^	^	^	^	人工费	材料费	机械费	管理费	其他管理费	利润	^

消耗量标准编号	项目名称	单位	数量	合计（直接费）	人工费	材料费	机械费	管理费	其他管理费	利润	合价/元
J14-35	场外运费 压路机	台次	1	2 115.21			2 115.21	9.65% 204.12		6% 126.91	2 446.24
累计/元				2 115.21			2 115.21	204.12		126.91	2 446.24
材料费明细表	材料，名称，规格，型号	单位	数量			单价			暂估单价		暂估合价

清单编码	041106001002	项目名称	大型机械设备进出场及安拆	计量单位	台·次	数量	1	综合单价	5 181.48

消耗量标准编号	项目名称	单位	数量	合计（直接费）	人工费	材料费	机械费	管理费	其他管理费	利润	合价/元
J14-37	场外运费 沥青混凝土摊铺机	台·次	1	4 480.31			4 480.31	9.65% 432.35		6% 268.82	5181.48
累计/元				4 480.31			4 480.31	432.35		268.82	5 181.48
材料费明细表	材料，名称，规格，型号	单位	数量			单价			暂估单价		暂估合价

注：1. 本表用于编制招投标综合单价，招标文件提供了暂估单价的材料，应按暂估单价填入表内"暂估单价"栏及"暂估合价"栏。
2. 本表用于编制工程竣工结算时，其材料单价应按双方约定的（结算单价）填写。
3. 其他管理费的计算按《市政工程工程量计算规范》（GB 50857—2013）附录C 建筑安装工程费用标准说明第2条规定计取。

表 5-27 总价措施项目清单计费表

工程名称：长沙市某桥梁工程　　　标段：　　　　　　　　　　　　　　　　　　　　　　　第 页 共 页

序号	项目编号	项目名称	计算基础	费率（%）	金额/元	备注
1	04B001	压缩工期措施增加（招投标）	《市政工程工程量计算规范》（GB 50857—2013）附录 D 相关规定	0		
2	04B002	工程定位复测费	按招标文件规定或合同约定			
3	04B003	专业工程中的有关措施项目费	按各专业工程中的相关规定及招标文件规定或合同约定			
4	04110900200l	夜间施工增加费	按招标文件规定或合同约定			
5	041109004001	冬雨季施工增加费	《市政工程工程量计算规范》（GB 50857—2013）附录 D 相关规定	0.16	2 715.87	
6	041109007001	已完工程及设备保护费	按招标文件规定或合同约定			
		合　计			2 715.87	

注：按施工方案计算的措施费，若无"计算基础"和"费率"的数值，也可只填"金额"数值，但应在备注栏说明施工方案出处或计算方法。

表 5-28 绿色施工安全防护措施项目费计价表(招投标)

工程名称:长沙市某桥梁工程　　　　　标段:　　　　　　　第 页 共 页

序号	工程内容	计算基数	费率(%)	金额/元	备注
一	安全生产费	直接费	2.63	38 601.07	按《市政工程工程量计算规范》(GB 50857—2013)附录C说明及表4相应总费率标准计算
其中:	绿色施工安全防护措施项目费	直接费	4.13	60 616.89	

注:安装工程取费基数按人工费,其他工程取费基数按直接费(不含其他管理费的计费基数。详见《市政工程工程量计算规范》(GB 50857—2013)附录 C 说明)计算。

表 5-29　其他项目清单与计价汇总表

工程名称：长沙市某桥梁工程　　　　　　　标段：　　　　　　　　　　　第　页　共　页

序号	项目名称	计费基础/单价	费率/数量	合计金额/元	备注
1	暂列金额			250 000	
2	暂估价				
2.1	材料暂估价			—	
2.2	专业工程暂估价				
2.3	分部分项工程暂估价				按招标文件规定或合同约定
3	计日工				
4	总承包服务费				
5	优质工程增加费				明细详见表 5-30
6	安全责任险、环境保护税		1	17 607.52	明细详见表 5-30
7	提前竣工措施增加费				明细详见表 5-30
8	索赔签证				
9	其他项目费合计			267 607.52	

注：材料暂估单价进入清单项目综合单价，此处不汇总。

表 5-30 部分其他项目费计价表

工程名称：长沙市某桥梁工程　　　　标段：　　　　　　　　　　　　　　　　　　　　　　　第 页 共 页

序号	项目名称	计算基数	费率（%）	金额/元	备注
1	优质工程增加费	(分部分项工程费+措施项目费)			详见《市政工程工程量计算规范》（GB 50857—2013）附录 D 说明
2	安全责任险、环境保护税	(分部分项工程费+措施项目费)	1	17 607.52	详见《市政工程工程量计算规范》（GB 50857—2013）附录 C 表 6
3	提前竣工措施增加费	（按合同约定）			
	合计			—	—

注：环境保护税费、安全责任险招投标时按计费基数及费率暂估，结算与定不同时，可按实调整。

表 5-31 人工、材料、机械汇总表

工程名称：长沙市某桥梁工程　　　　标段：　　　　　　　　　第 页 共 页

序号	编码	名称（材料、机械规格型号）	单位	数量	单价/元	合价/元	备注
1	01090100010	圆钢 φ6~φ10	kg	0.019	4.29	0.08	
2	04032100001	沥青砂	t	0.13	500	65	
3	J1-27	轮胎压路机 工作质量（t）26 大	台班	0.139	1 666.746	231.68	
4	J1-30	钢轮振动压路机 工作质量（t）10 中	台班	0.21	1 128.15	236.91	
5	J6-20	混凝土振动器 平板式 小	台班	28.607	10.322	295.28	
6	J1-32	钢轮振动压路机 工作质量（t）13 大	台班	0.281	1 397.011	392.56	
7	J1-55	沥青混凝土摊铺机 装载质量（t）8 大	台班	0.306	1 335.858	408.77	
8	03130100025	碳钢电焊条 J422 φ4.0	kg	73.388	5.869	430.71	
9	13310100003	石油沥青 30#	kg	138.052	3.384	467.17	
10	14030500001	柴油 0#	kg	92.7	6.173	572.24	
11	J9-2	交流弧焊机 容量（kV·A）32 小	台班	9.04	88.228	797.58	
12	04031100003	河砂 综合	m³	7.181	120	861.72	
13	04010100001	普通硅酸盐水泥（P·O）42.5 级	kg	1 633.774	0.583	952.49	
14	J3-19	汽车式起重机 提升质量（t）8 大	台班	1.104	887.046	979.3	
15	05030400002	板方材	m³	0.928	1 637.17	1 519.29	
16	13371100006	无纺土工布	m²	1 139.194	1.5	1 708.79	
17	J6-21	混凝土振动器 插入式 小	台班	200.98	10.295	2 069.09	
18	J3-21	汽车式起重机 提升质量（t）12 大	台班	2.114	1 040.75	2 200.15	
19	03210700020	镀锌铁丝 φ2.8~4	kg	428.64	5.648	2 420.96	
20	34110100002	水	t	948.024	4.39	4 161.83	
21	J14-35	场外运费 压路机	台次	2	2 115.209	4 230.42	
22	J14-37	场外运费 沥青混凝土摊铺机	台次	1	4 480.308	4 480.31	

工程名称：长沙市某桥梁工程　　　　　　　标段：　　　　　　　　　第　页　共　页

序号	编码	名称（材料、机械规格型号）	单位	数量	单价/元	合价/元	备注
23	80250900002	商品沥青混凝土 AC-13	m³	12.515	1 020.17	12 767.43	
24	88010500001	其他材料费	元	18 135.834	1	18 135.83	
25	80250900003	商品沥青混凝土 AC-16	m³	21.846	942.08	20 580.68	
26	33210300002	梳型钢板伸缩缝	m	27.61	1 506.36	41 590.6	
27	J6-7	混凝土汽车式输送泵 输送长度（m）46 大	台班	9.382	4 799.143	45 025.56	
28	80210400006	商品混凝土（砾石）C40	m³	213.962	590.396	126 322.31	
29	80210400010	商品混凝土（砾石）C50	m³	240.177	646.692	155 320.54	
30	H00001	人工费	元	190 874.774	1	190 874.77	
31	80210400004	商品混凝土（砾石）C25	m³	392.501	529.106	207 674.63	
32	80210400005	商品混凝土（砾石）C30	m³	1 132.636	547.35	619 948.31	
		合计	元			1 467 722.99	

注：招标控制价、投标报价、竣工结算通用表。

附 录

附录 A 钢筋工程

钢筋工程工程量清单项目设置、项目特征、计量单位、工程量计算规则及工作内容，应按表 A-1 的规定执行。

表 A-1 钢筋工程（编码：040901）

项目编码	项目名称	项目特征	计量单位	工程量计算规则	工作内容
040901001	现浇构件钢筋	1. 钢筋种类 2. 钢筋规格	t	按设计图示尺寸以质量计算	1. 制作 2. 运输 3. 安装
040901002	预制构件钢筋				
040901003	钢筋网片				
040901004	钢筋笼				
040901005	先张法预应力钢筋（钢丝、钢绞线）	1. 部位 2. 预应力筋种类 3. 预应力筋规格			1. 张拉台座制作、安装、拆除 2. 预应力筋制作、张拉
040901006	后张法预应力钢筋（钢丝束、钢绞线）	1. 部位 2. 预应力筋种类 3. 预应力筋规格 4. 锚具种类、规格 5. 砂浆强度等级 6. 压浆管材质、规格			1. 预应力筋孔道制作、安装 2. 锚具安装 3. 预应力筋制作、张拉 4. 安装压浆管道 5. 孔道压浆
040901007	型钢	1. 材料种类 2. 材料规格			1. 制作 2. 运输 3. 安装、定位
040901008	植筋	1. 材料种类 2. 材料规格 3. 植入深度 4. 植筋	根	按设计图示数量计算	1. 定位、钻孔、清孔 2. 钢筋加工成型 3. 注胶、植筋 4. 抗拔试验 5. 养护

（续）

项目编码	项目名称	项目特征	计量单位	工程量计算规则	工作内容
040901009	预埋铁件	1. 材料种类 2. 材料规格	t	按设计图示尺寸以质量计算	1. 制作 2. 运输 3. 安装
040901010	高强螺栓	1. 材料种类 2. 材料规格	1. t 2. 套	1. 按设计图示尺寸以质量计算 2. 按设计图示数量计算	1. 制作 2. 运输 3. 安装

注：1. 现浇构件中伸出构件的锚固钢筋、预制构件的吊钩和固定位置的支撑钢筋等，应并入钢筋工程量内。除设计标明的搭接外，其他施工搭接不计算工程量，由投标人在报价中综合考虑。
   2. 钢筋工程所列"型钢"是指劲性骨架的型钢部分。
   3. 凡型钢与钢筋组合（除预埋铁件外）的钢格栅，应分别列项。

附录 B 拆除工程

拆除工程工程量清单项目设置、项目特征、计量单位、工程量计算规则及工作内容，应按表 B-1 的规定执行。

表 B-1 拆除工程（编码：041001）

项目编码	项目名称	项目特征	计量单位	工程量计算规则	工作内容
041001001	拆除路面	1. 材质 2. 厚度	m²	按拆除部位以面积计算	1. 拆除、清理 2. 场内外运输
041001002	拆除人行道	1. 材质 2. 厚度	m²	按拆除部位以面积计算	1. 拆除、清理 2. 场内外运输
041001003	拆除基层	1. 材质 2. 厚度 3. 部位	m²	按拆除部位以面积计算	1. 拆除、清理 2. 场内外运输
041001004	铣刨路面	1. 材质 2. 结构形式 3. 厚度	m²	按拆除部位以面积计算	1. 拆除、清理 2. 场内外运输
041001005	拆除侧、平（缘）石	材质	m	按拆除部位以延长米计算	1. 拆除、清理 2. 场内外运输
041001006	拆除管道	1. 材质 2. 管径	m	按拆除部位以延长米计算	1. 拆除、清理 2. 场内外运输
041001007	拆除砖石结构	1. 结构形式 2. 强度等级	m³	按拆除部位以体积计算	1. 拆除、清理 2. 场内外运输
041001008	拆除混凝土结构	1. 结构形式 2. 强度等级	m³	按拆除部位以体积计算	1. 拆除、清理 2. 场内外运输

（续）

项目编码	项目名称	项目特征	计量单位	工程量计算规则	工作内容
041001009	拆除井	1. 结构形式 2. 规格尺寸 3. 强度等级	座	按拆除部位以数量计算	1. 拆除、清理 2. 场内外运输
041001010	拆除电杆	1. 结构形式 2. 规格尺寸	根		
041001011	拆除管片	1. 材质 2. 部位	处		

注：1. 拆除路面、人行道及管道清单项目的工作内容中均不包括基础及垫层拆除，发生时按本拆除工程相应清单项目编码列项。
2. 伐树、挖树蔸，应按现行国家标准《园林绿化工程工程量计算规范》（GB 50858—2013）中相应清单项目编码列项。

附录 C 措施项目

一、脚手架工程

脚手架工程工程量清单项目设置、项目特征、计量单位、工程量计算规则及工作内容，应按表 C-1 的规定执行。

表 C-1 脚手架工程（041101）

项目编码	项目名称	项目特征	计量单位	工程量计算规则	工作内容
041101001	墙面脚手架	墙高	m²	按墙面水平边线长度乘以墙面砌筑高度计算	1. 清理场地 2. 搭设、拆除脚手架、安全网 3. 材料场内外运输
041101002	柱面脚手架	1. 柱高 2. 柱结构外围周长	m²	按柱结构外围周长乘以柱砌筑高度计算	
041101003	仓面脚手架	1. 搭设方式 2. 搭设高度	m²	按仓面水平面积计算	
041101004	沉井脚手架	沉井高度	m²	按井壁中心线周长乘以井高计算	
041101005	井字架	井深	座	按设计图示数量计算	1. 清理场地 2. 搭、拆井字架 3. 材料场内外运输

注：各类井的井深按井底基础以上至井盖顶的高度计算。

二、混凝土模板及支架（撑）

混凝土模板及支架（撑）工程量清单项目设置、项目特征、计量单位、工程量计算规则及工作内容，应按表 C-2 的规定执行。

表 C-2 混凝土模板及支架（撑）（编码：041102）

项目编码	项目名称	项目特征	计量单位	工程量计算规则	工作内容
041102001	垫层模板	构件类型	m²	按混凝土与模板接触面的面积计算	1. 模板制作、安装、拆除、整理、堆放 2. 模板粘接物及模内杂物清理、刷隔离剂 3. 模板场内外运输及维修
041102002	基础模板				
041102003	承台模板				
041102004	墩（台）帽模板	1. 构件类型 2. 支模高度			
041102005	墩（台）身模板				
041102006	支撑梁及横梁模板				
041102007	墩（台）盖梁模板				
041102008	拱桥拱座模板				
041102009	拱桥拱肋模板				
041102010	拱上构件模板				
041102011	箱梁模板				
041102012	柱模板				
041102013	梁模板				
041102014	板模板				
041102015	板梁模板				
041102016	板拱模板				
041102017	挡墙模板				
041102018	压顶模板	构件类型			
041102019	防撞护栏模板				
041102020	楼梯模板				
041102021	小型构件模板				
041102022	箱涵滑（底）板模板	1. 构件类型 2. 支模高度			
041102023	箱涵侧墙模板				
041102024	箱涵顶板模板				

（续）

项目编码	项目名称	项目特征	计量单位	工程量计算规则	工作内容
041102025	拱部衬砌模板	1. 构件类型 2. 衬砌厚度 3. 拱跨径	m²	按混凝土与模板接触面的面积计算	1. 模板制作、安装、拆除、整理、堆放 2. 模板粘接物及模内杂物清理、刷隔离剂 3. 模板场内外运输及维修
041102026	边墙衬砌模板				
041102027	竖井衬砌模板	1. 构件类型 2. 壁厚			
041102028	沉井井壁（隔墙）模板	1. 构件类型 2. 支模高度			
041102029	沉井顶板模板				
041102030	沉井底板模板	构件类型			
041102031	管（渠）道平基模板				
041102032	管（渠）道管座模板				
041102033	井顶（盖）板模板				
041102034	池底模板				
041102035	池壁（隔墙）模板	1. 构件类型 2. 支模高度			
041102036	池盖模板				
041102037	其他现浇构件模板	构件类型			
041102038	设备螺栓套	螺栓套孔深度	个	按设计图示数量计算	
041102039	水上桩基础支架、平台	1. 位置 2. 材质 3. 桩类型	m²	按支架、平台搭设的面积计算	1. 支架、平台基础处理 2. 支架、平台的搭设、使用及拆除 3. 材料场内外运输
041102040	桥梁支架	1. 部位 2. 材质 3. 支架类型	1. m³ 2. m	1. 以立方米计量，按支架搭设的空间体积计算 2. 以米计量，按支架搭设的长度计算	1. 支架地基处理 2. 支架的搭设、使用及拆除 3. 支架预压 4. 材料场内外运输

注：原槽浇灌的混凝土基础、垫层不计算模板。

三、围堰

围堰工程量清单项目设置、项目特征、计量单位、工程量计算规则及工作内容,应按表 C-3 的规定执行。

表 C-3　围堰(编码:041103)

项目编码	项目名称	项目特征	计量单位	工程量计算规则	工作内容
041103001	围堰	1. 围堰类型 2. 围堰顶宽及底宽 3. 围堰高度 4. 填心材料	1. m^3 2. m	1. 以立方米计量,按设计图示围堰体积计算 2. 以米计量,按设计图示围堰中心线长度计算	1. 清理基底 2. 打、拔工具桩 3. 堆筑、填心、夯实 4. 拆除清理 5. 材料场内外运输
041103002	筑岛	1. 筑岛类型 2. 筑岛高度 3. 填心材料	m^3	按设计图示筑岛体积计算	1. 清理基底 2. 堆筑、填心、夯实 3. 拆除清理

四、便道及便桥

便道及便桥工程量清单项目设置、项目特征、计量单位、工程量计算规则及工作内容,应按表 C-4 的规定执行。

表 C-4　便道及便桥(编码:041104)

项目编码	项目名称	项目特征	计量单位	工程量计算规则	工作内容
041104001	便道	1. 结构类型 2. 材料种类 3. 宽度	m^2	按设计图示尺寸以面积计算	1. 平整场地 2. 材料运输、铺设、夯实 3. 拆除、清理
041104002	便桥	1. 结构类型 2. 材料种类 3. 跨径 4. 宽度	座	按设计图示数量计算	1. 清理基底 2. 材料运输、便桥搭设 3. 拆除、清理

五、洞内临时设施

洞内临时设施工程量清单项目设置、项目特征、计量单位、工程量计算规则及工作内容,应按表 C-5 的规定执行。

市政工程计量与计价

表 C-5 洞内临时设施（编码：041105）

项目编码	项目名称	项目特征	计量单位	工程量计算规则	工作内容
041105001	洞内通风设施	1. 单孔隧道长度 2. 隧道断面尺寸 3. 使用时间 4. 设备要求	m	按设计图示隧道长度以延长米计算	1. 管道铺设 2. 线路架设 3. 设备安装 4. 保养维护 5. 拆除、清理 6. 材料场内外运输
041105002	洞内供水设施				
041105003	洞内供电及照明设施				
041105004	洞内通信设施				
041105005	洞内外轨道铺设	1. 单孔隧道长度 2. 隧道断面尺寸 3. 使用时间 4. 轨道要求		按设计图示轨道铺设长度以延长米计算	1. 轨道及基础铺设 2. 保养维护 3. 拆除、清理 4. 材料场内外运输

注：设计注明轨道铺设长度的，按设计图示尺寸计算；设计未注明时可按设计图示隧道长度以延长米计算，并注明洞外轨道铺设长度由投标人根据施工组织设计自定。

六、大型机械设备进出场及安拆

大型机械设备进出场及安拆工程量清单项目设置、项目特征、计量单位、工程量计算规则及工作内容，应按表 C-6 的规定执行。

表 C-6 大型机械设备进出场及安拆（编码：041106）

项目编码	项目名称	项目特征	计量单位	工程量计算规则	工作内容
041106001	大型机械设备进出场及安拆	1. 机械设备名称 2. 机械设备规格型号	台次	按使用机械设备的数量计算	1. 安拆费包括施工机械、设备在现场进行安装拆卸所需人工、材料、机械和试运转费用以及机械辅助设施的折旧、搭设、拆除等费用 2. 出去场费包括施工机械、设备整体或分体自停放地点运至现场或由一施工地点运至另一施工地点所发生的运输、装卸、辅助材料等费用

七、施工排水、降水

施工排水、降水工程量清单项目设置、项目特征、计量单位、工程量计算规则及工作内容，应按表 C-7 的规定执行。

表 C-7 施工排水、降水（编码：041107）

项目编码	项目名称	项目特征	计量单位	工程量计算规则	工作内容
041107001	成井	1. 成井方式 2. 地层情况 3. 成井直径 4. 井（虑）管类型、直径	m	按设计图示尺寸以钻孔深度计算	1. 准备钻孔机械、埋设护筒、钻机就位；泥浆制作、固壁；成孔、出渣、清孔等 2. 对接上、下井管（滤管），焊接，安放，下虑料，洗井，连接试抽等
041107002	排水、降水	1. 机械规格型号 2. 降排水管规格	昼夜	按排、降水日历天数计算	1. 管道安装、拆除，场内搬运等 2. 抽水、值班、降水设备维修等

注：相应专项设计不具备时，可按暂估量计算。

八、处理、监测、监控

处理、监测、监控工程量清单项目设置、工作内容及包含范围，应按表 C-8 的规定执行。

表 C-8 处理、监测、监控（041108）

项目编码	项目名称	工作内容及包含范围
041108001	地下管线交叉处理	1. 悬吊 2. 加固 3. 其他处理措施
041108002	施工监测、监控	1. 对隧道洞内施工时可能存在的危害因素进行检测 2. 对明挖法、暗挖法、盾构法施工的区域等进行周边环境监测 3. 对明挖基坑围护结构体系进行监测 4. 对隧道的围岩和支护进行监测 5. 盾构法施工进行监控测量

注：地下管线交叉处理指施工过程中对现有施工场地范围内各种地下交叉管线进行加固及处理所发生的费用，但不包括地下管线或设施改、移发生的费用。

九、一般措施项目

一般措施项目工程量清单项目设置、工作内容及包含范围，应按表 C-9 的规定执行。

表 C-9　一般措施项目 (041109)

项目编码	项目名称	工作内容及包含范围
041109001	安全文明施工（含环境保护、文明施工、安全施工、临时设施）	1. 环境保护包含范围：施工现场为达到环保部门要求所需的各项措施。包括施工现场为保持工地清洁、控制扬尘、废弃物与材料运输的防护、保证排水设施通畅、设置密闭式垃圾站、实现施工垃圾与生活垃圾分类存放等环保措施；其他环境保护措施 2. 文明施工：根据相关规定在施工现场设置企业标志、工程项目简介牌、工程项目责任人员姓名牌、安全六大纪律牌、安全生产记数牌、十项安全技术措施牌、防火须知牌、卫生须知牌及工地施工总平面布置图、安全警示标志牌，施工现场围挡以及为符合场容场貌、材料堆放、现场防火等要求采取的相应措施；其他文明施工措施 3. 安全施工：根据相关规定设置安全防护设施、现场物料提升架与卸料平台的安全防护设施、垂直交叉作业与高空作业安全防护设施、现场设置安防监控系统设施、现场机械设备（包括电动工具）的安全保护与作业场所和临时安全疏散通道的安全照明与警示设施等；其他安全防护措施 4. 临时设施：施工现场临时宿舍、文化福利及公用事业房屋与构筑物、仓库、办公室、加工场、工地实验室以及规定范围内的道路、水、电、管线等临时设施等的搭设、维修、拆除、周转；其他临时设施的搭设、维修、拆除
041109002	夜间施工	1. 夜间固定照明灯具和临时可移动照明灯具的设置、拆除 2. 夜间施工时，施工现场交通标志、安全标牌、警示灯等的设置、移动、拆除 3. 夜间照明设备摊销及照明用电、施工人员夜班补助、夜间施工劳动效率降低等费用
041109003	二次搬运	由于施工场地条件限制而发生的材料、成品、半成品一次运输不能到达堆积地点，必须进行二次或多次搬运
041109004	冬雨季施工	1. 冬雨季施工时增加的临时设施（防寒保温、防雨设施）的搭设、拆除 2. 冬雨季施工时，对砌体、混凝土等采用的特殊加温、保温和养护措施 3. 冬雨季施工时，施工现场的防滑处理，对影响施工的雨雪的清除 4. 冬雨季施工时增加的临时设施的摊销、施工人员的劳动保护用品、冬雨季施工劳动效率降低等
041109005	行车、行人干扰	1. 由于施工受行车、行人干扰的影响，导致人工、机械效率低而增加的措施 2. 为保证行车、行人的安全，现场增设维护交通与疏导人员而增加的措施
041109006	地上、地下设施，建筑物的临时保护设施	在工程施工过程中，对已建成的地上、地下设施和建筑物进行的遮盖、封闭、隔离等必要保护措施所发生的人工和材料费用
041109007	已完工程及设备保护	对已完工程及设备采取的覆盖、包裹、封闭、隔离等必要保护措施所发生的人工和材料费用

注：本表所列项目应根据工程实际情况计算措施项目费用，需分摊的应合理计算摊销费用。

参 考 文 献

［1］全国造价工程师执业资格考试培训教材编审委员会. 建设工程计价［M］. 北京：中国计划出版社，2019.
［2］郭良娟. 市政工程计量与计价［M］. 北京：北京大学出版社，2020.
［3］吴志超，吴洋. 建筑工程计量与计价［M］. 北京：中国建筑工业出版社，2021.